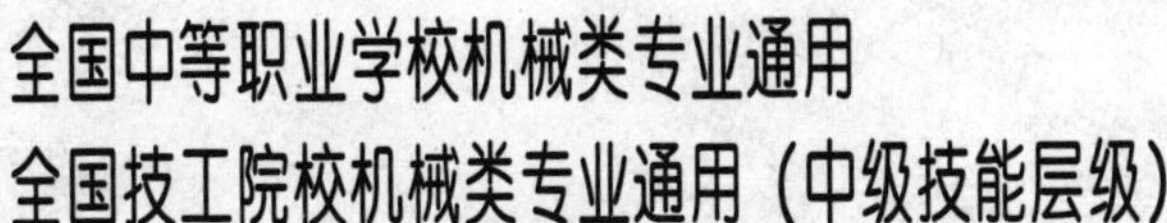
全国中等职业学校机械类专业通用
全国技工院校机械类专业通用（中级技能层级）

# 工程力学（第七版）习题册

果连成　主编

中国劳动社会保障出版社

## 简　介

本习题册是全国中等职业学校机械类专业通用教材/全国技工院校机械类专业通用教材（中级技能层级）《工程力学（第七版）》的配套用书。本习题册紧扣教学要求，按照教材章节顺序编排，知识点分布均衡，题型丰富多样，难易配置适当，有助于学生复习巩固所学知识。

本习题册由果连成任主编，许佳妮任副主编，姜波参加编写，孙喜兵任主审。

**图书在版编目(CIP)数据**

工程力学（第七版）习题册/果连成主编. -- 北京：中国劳动社会保障出版社，2022
全国中等职业学校机械类专业通用　全国技工院校机械类专业通用. 中级技能层级
ISBN 978-7-5167-5613-3

Ⅰ.①工…　Ⅱ.①果…　Ⅲ.①工程力学-中等专业学校-习题集　Ⅳ.①TB12-44

中国版本图书馆 CIP 数据核字(2022)第 179682 号

**中国劳动社会保障出版社出版发行**
（北京市惠新东街 1 号　邮政编码：100029）
*
北京昌联印刷有限公司印刷装订　　新华书店经销
787 毫米×1092 毫米　16 开本　4.25 印张　99 千字
2022 年 10 月第 1 版　　2025 年 12 月第 5 次印刷
**定价：9.00 元**

营销中心电话：400-606-6496
出版社网址：http://www.class.com.cn
http://jg.class.com.cn

# 目　录

# 绪　论

**简答题**

1. 查阅相关资料，简述以下生活中常见现象的力学原理。

（1）很多生活用品的包装袋上都有一个小口，以便于使用者撕开包装袋，这是利用了什么力学原理？

（2）火车开过来时，为什么人不能离火车太近？

（3）当汽车陷入泥坑时，有经验的司机都会找一些石子、干草等铺在车轮下面，然后再尝试把汽车开出泥坑，这是运用了什么力学原理？

2. 做如下生活中的力学小实验，说明实验结果，分析力学原理。

实验名称：钻进瓶子的蛋。

材料准备：一个剥了壳的熟鸡蛋、一个玻璃瓶（瓶口略小于鸡蛋）、废纸、一个打火机。

实验步骤：（1）用打火机把废纸点燃，放进玻璃瓶中。

（2）把鸡蛋直立地搁置在瓶口。

（3）静置等待废纸燃烧完。

（4）观察鸡蛋的状态。

实验结果：

力学原理：

# 第一篇　静　力　学

## 第一章　静力学基础知识

### 一、填空题（将正确答案填写在横线上）

1. 理论力学的三个组成部分为＿＿＿＿＿＿、＿＿＿＿＿＿和＿＿＿＿＿＿。

2. 静力学主要研究的两个问题是＿＿＿＿＿＿＿＿＿和＿＿＿＿＿＿＿＿＿＿＿＿。

3. 平衡是指物体相对于地球保持＿＿＿＿＿＿＿或＿＿＿＿＿＿＿＿＿状态。

4. 刚体是对物体的合理＿＿＿＿＿＿＿＿的力学模型，它是指在力的作用下形状和＿＿＿＿＿＿均保持不变的物体。

5. 力是物体之间相互的＿＿＿＿＿＿作用，力的作用效应是使物体的＿＿＿＿＿＿发生改变，也可使物体的＿＿＿＿＿＿发生变化。

6. 力的基本单位名称是＿＿＿＿＿＿，单位符号是＿＿。

7. 力对物体的作用效应决定于力的＿＿＿＿＿＿、＿＿＿＿＿＿和作用点三个要素。

8. 力是＿＿量，力的三要素可用＿＿＿＿＿＿＿＿＿＿来表示，其长度（按一定比例）表示力的＿＿＿＿＿＿，箭头的指向表示力的＿＿＿＿＿＿，线段的起点或终点表示力的＿＿＿＿＿＿。

9. 作用力和反作用力是两物体间的相互作用，它们同时存在、同时消失，且大小＿＿＿＿＿＿、方向＿＿＿＿＿＿，其作用线沿＿＿＿＿＿＿，分别作用于＿＿＿＿＿＿。

10. 欲使作用在刚体上的两个力平衡，其充分必要条件是两个力的大小＿＿＿＿＿＿、方向＿＿＿＿＿＿，且作用在＿＿＿＿＿＿。

11. 只有两个着力点且处于平衡的构件称为＿＿＿＿＿＿。其受力特点：所受二力作用线必沿＿＿＿＿＿＿的连线，且等值、反向。

12. 力的平行四边形公理说明，共点二力的合力等于两个分力的＿＿＿＿＿＿和。

13. 对非自由体的运动的限制称为＿＿＿＿＿＿。约束反力方向总是与约束所能＿＿＿＿＿＿＿＿方向相反。

14. 促使物体运动（或具有运动趋势）的力称为＿＿＿＿＿＿，其＿＿＿＿＿＿和＿＿＿＿＿＿通常是预先确定的。＿＿＿＿＿＿是阻碍物体运动的力，称为被动力，通常是未知的。

15. 画受力图时，先确定＿＿＿＿＿＿＿＿并画出隔离体图，再分析研究对象的＿＿＿＿＿＿及约束反力的＿＿＿＿＿＿和＿＿＿＿＿＿，然后在隔离体上画出所有＿＿＿＿＿＿和＿＿＿＿＿＿，并用正确的＿＿＿＿＿＿表示出来。

16. 约束反力方向可以确定的约束有＿＿＿＿＿＿和＿＿＿＿＿＿，方向不能直接确定的约束有____________约束、____________约束和固定端约束。

17. 约束反力方位可以确定的约束有____________。

## 二、判断题（正确的打“√”，错误的打“×”）

1. 力使物体运动状态发生变化的效应称为力的外效应。 （ ）
2. 力的三要素中只要有一个要素不改变，力对物体的作用效应就不变。 （ ）
3. 受力物体与施力物体是相对于研究对象而言的。 （ ）
4. 二力平衡公理、加减平衡力系公理、力的可传性原理只适用于刚体。 （ ）
5. 根据力的可传性原理，力可在刚体上任意移动而不改变该力对刚体的作用效应。 （ ）
6. 平行四边形公理和三角形法则均可将作用于物体同一点的两个力合成为一个合力。 （ ）
7. 同一平面内作用线汇交于一点的三个力一定平衡。 （ ）
8. 同一平面内作用线不汇交于一点的三个力一定不平衡。 （ ）
9. 约束反力方向背离被约束物体的约束一定是柔性体约束。 （ ）
10. 力的方向指向被约束物体的约束一定是光滑面约束。 （ ）
11. 固定铰链支座约束和活动铰链约束的约束反力作用线必定通过铰链中心。 （ ）
12. 工人手推小车前进时，手和小车之间只存在手对车的作用力。 （ ）
13. 作用力和反作用力因平衡而相互抵消。 （ ）
14. 活动铰链约束的约束反力垂直于支座支承面，方向为指向被约束物体。 （ ）
15. 在一个物体的受力图上，不但应画出全部外力，而且应画出与之联系的其他物体。 （ ）
16. 固定铰链支座约束的约束反力方向不确定，故常用 $\boldsymbol{F}_x$、$\boldsymbol{F}_y$ 来表示。 （ ）

## 三、选择题（将正确答案的代号填入括号内）

1. 力和物体的关系是（ ）。
   A. 力不能脱离物体而独立存在
   B. 一般情况下力不能脱离物体而独立存在
   C. 力可以脱离物体而独立存在
2. 物体的受力效果取决于力的（ ）。
   A. 大小、方向　　B. 大小、作用点
   C. 大小、方向、作用点　　D. 方向、作用点
3. 静力学研究的对象主要是（ ）。
   A. 受力物体　　B. 施力物体
   C. 运动物体　　D. 平衡物体
4. 在静力学中，将受力物体视为刚体，（ ）。
   A. 是为了简化以便于研究分析　　B. 是因为物体本身就是刚体
   C. 没有特别必要的理由
5. 某刚体上在同一平面内作用了汇交于一点且互不平行的三个力，则刚体（ ）状态。

A. 一定处于平衡　　　　　　　　　　　B. 一定处于不平衡

C. 不一定处于平衡

6. 光滑面约束的约束反力总是沿接触面的（　　）方向，并指向被约束的物体。

A. 任意　　　　　　　　　　　　　　B. 铅垂

C. 公切线　　　　　　　　　　　　　D. 公法线

7. 三个力 $\boldsymbol{F}_1$、$\boldsymbol{F}_2$、$\boldsymbol{F}_3$ 的大小均不等于零，其中 $\boldsymbol{F}_1$ 和 $\boldsymbol{F}_2$ 沿同一作用线，刚体处于（　　）状态。

A. 平衡　　　　　　　　　　　　　　B. 不平衡

C. 可能平衡，也可能不平衡

*8. 物体系统受力图上一定不能画出（　　）。

A. 系统外力　　　　　　　　　　　　B. 系统内力

C. 主动力和被动力

## 四、简答题

1. 简述静力学公理一与公理二的异同点。

2. 试结合图 1－1 所示的带约束实例，说明柔性体约束的约束特点。

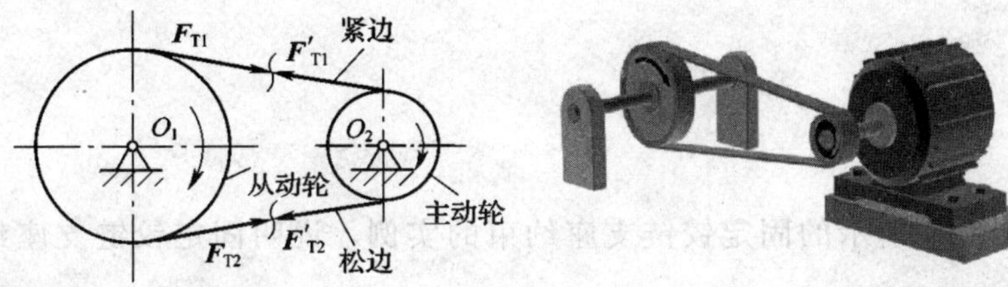


图 1－1

* 本习题册中标记 * 的题目为选做题。

3. 试结合图 1-2 所示的光滑面约束的实例，说明光滑面约束的约束特点。

图 1-2

4. 试结合图 1-3 所示的剪刀，说明光滑圆柱铰链约束的约束特点。

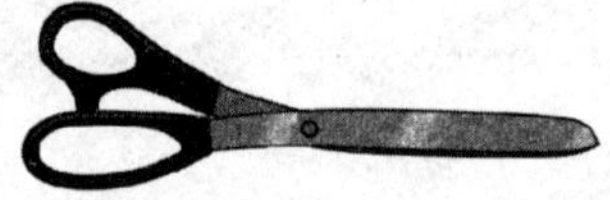

图 1-3

5. 试结合图 1-4 所示的固定铰链支座约束的实例，说明固定铰链支座约束的约束特点。

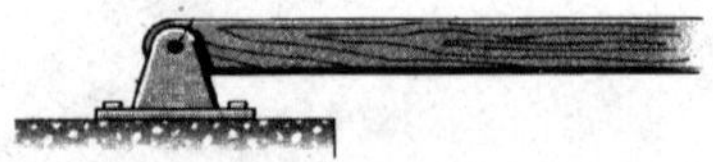

图 1-4

## 五、作图题

1. 试用图表示出 10 000 N 的力，其与水平方向成 45°夹角；试用图表示出 1 kN 的力，其与水平方向成 30°夹角。

2. 试画出图 1-5 中球 $A$ 和绳 $BC$ 的受力图，并指出哪两个力是平衡力，哪两个力是作用力与反作用力。

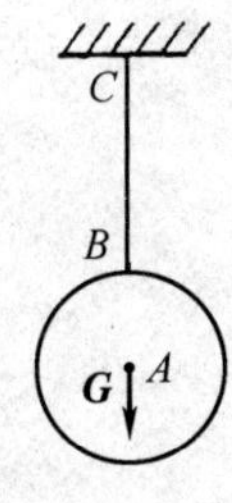


图 1-5

3. 在图 1-6 所示曲杆上的 $A$、$B$ 两点各加一个力，使曲杆处于平衡状态（杆自重不计）。

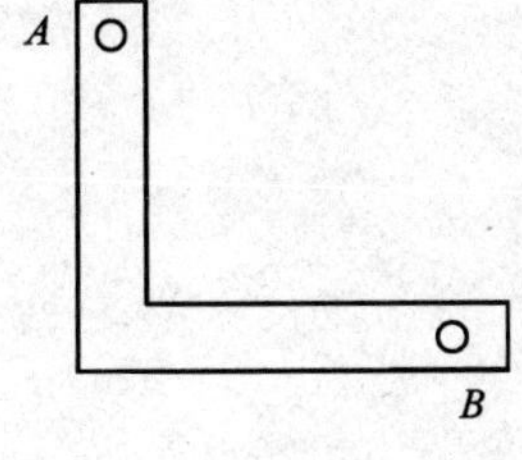


图 1-6

4. 在图 1－7 中画出各球体的受力图。

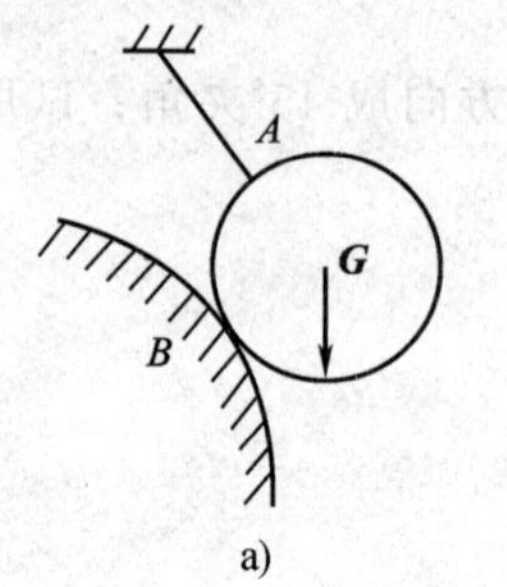


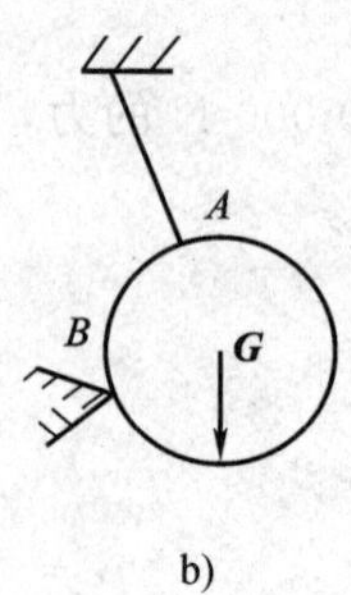


图 1－7

5. 试分别画出图 1－8 中电灯 $B$ 和连接点 $A$ 的受力图。

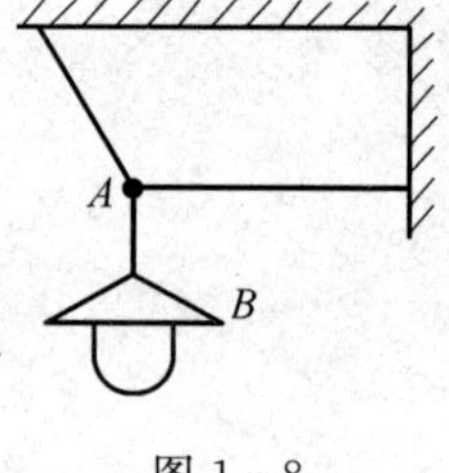


图 1－8

6. 如图 1－9 所示，杆 $AB$ 的自重不计，各接触面均为光滑面，试画出其受力图。

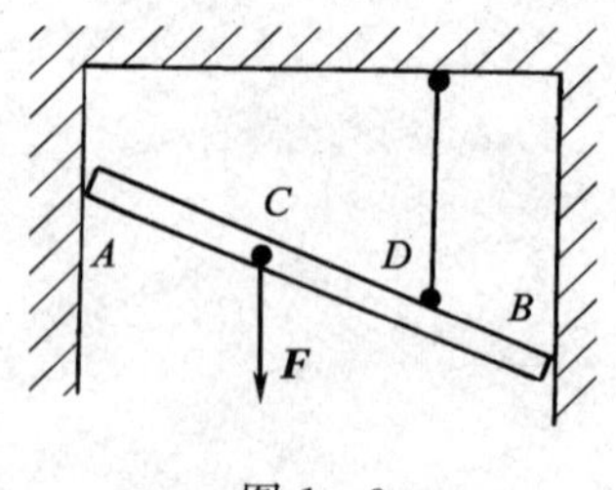


图 1－9

7. 如图 1－10 所示，梁自重不计，试画出其受力图。

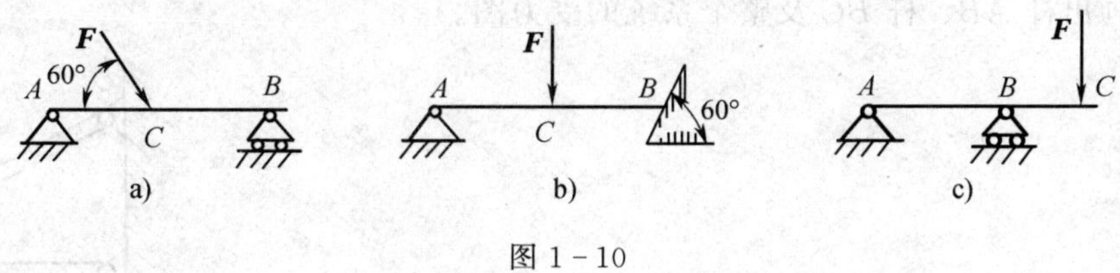


图 1－10

8. 如图 1－11 所示，刚架自重不计，试画出其受力图。

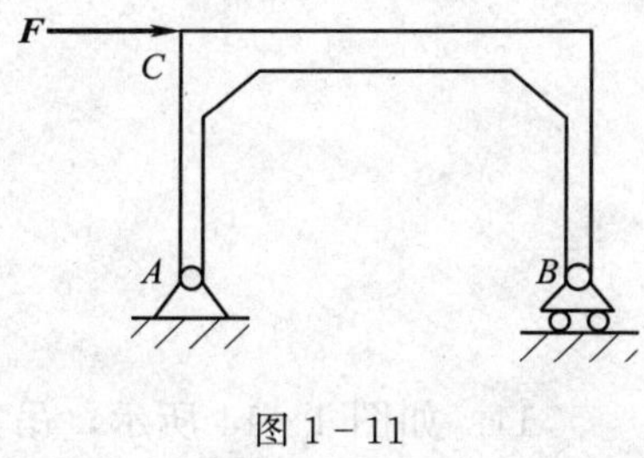


图 1－11

*9. 如图 1－12 所示，三角架 $A$、$B$、$C$ 三处均为铰链连接，在铰链 $B$ 销钉上悬挂重物 $\boldsymbol{G}$，若不计各杆自重，试分别画出杆 $AB$、杆 $BC$、销钉 $B$ 及整个系统的受力图。

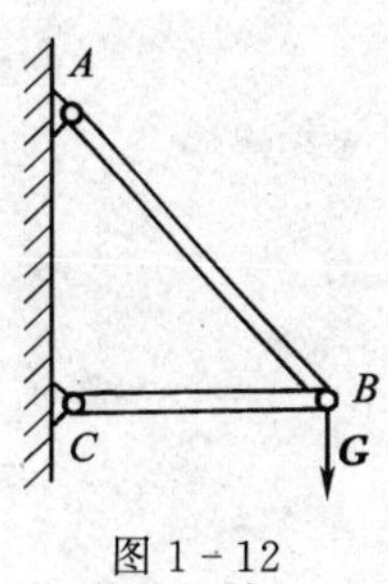


图 1－12

*10. 如图 1－13 所示，三角架 $A$、$B$、$C$ 三处均为铰链连接，在 $D$ 点受一力 $\boldsymbol{F}$，不计各杆自重，试画出杆 $AB$、杆 $BC$ 及整个系统的受力图。

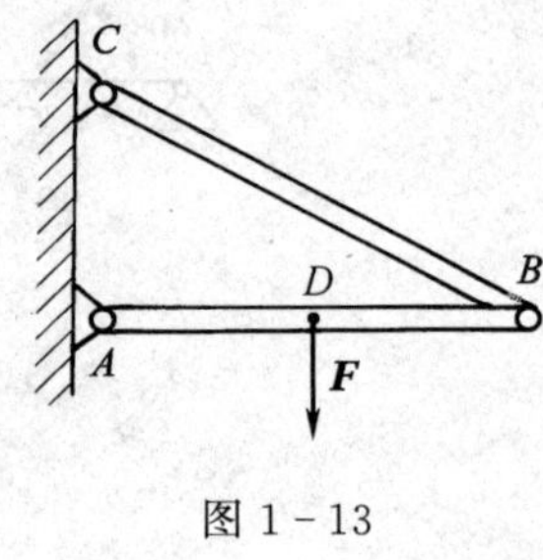


图 1－13

*11. 如图 1－14 所示，吊架 $A$、$C$、$D$ 三处均为铰链连接，$B$ 处受一力 $\boldsymbol{F}$，各杆自重不计，试画出杆 $AB$、杆 $CD$ 及整个系统的受力图。

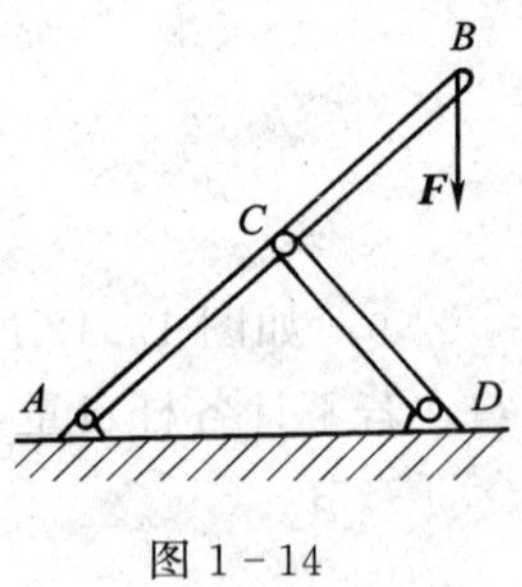


图 1－14

## 六、改错题

1. 指出并改正图 1－15 中各球体受力图中的错误（各接触面均为光滑面）。

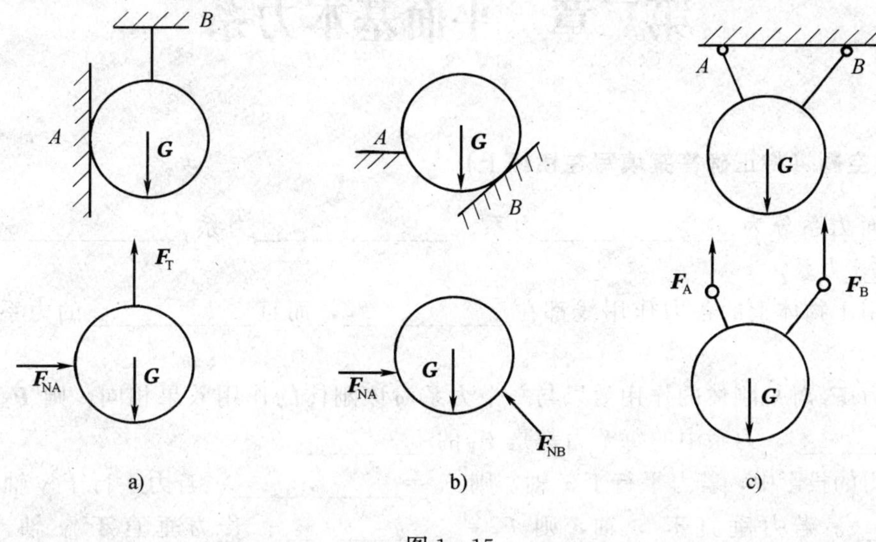


图 1－15

2. 指出并改正图 1－16 所示 *AB* 杆受力图中的错误（各接触面均为光滑面）。

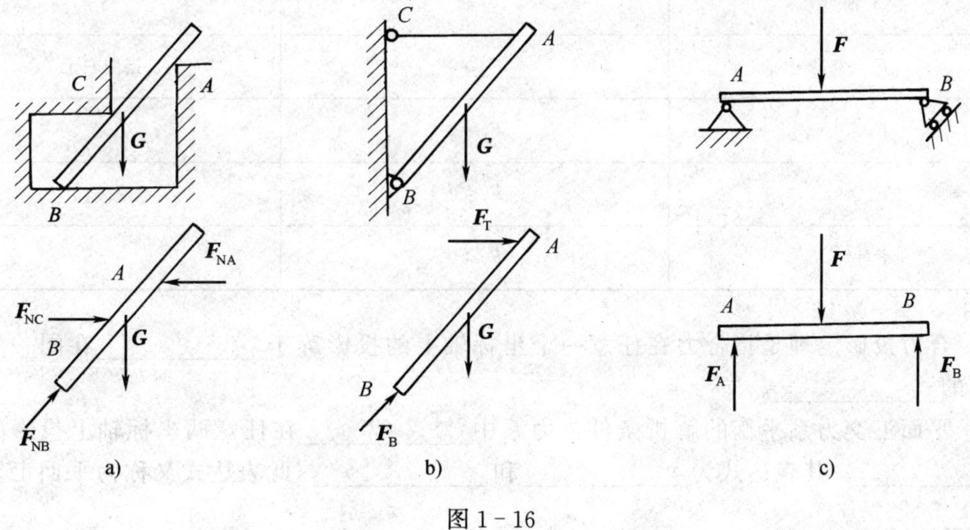


图 1－16

# 第二章　平面基本力系

**一、填空题（将正确答案填写在横线上）**

1. 平面力系分为____________力系、____________力系、____________力系和____________力系。

2. 作用于物体上的各力作用线都在____________，而且____________的力系，称为平面汇交力系。

3. 若力 $\boldsymbol{F}_R$ 对某刚体的作用效果与一个力系对该刚体的作用效果相同，则 $\boldsymbol{F}_R$ 称为该力系的____________，力系中的每个力都是 $\boldsymbol{F}_R$ 的____________。

4. 在力的投影中，若力平行于 $x$ 轴，则 $F_x=$____________；若力平行于 $y$ 轴，则 $F_y=$____________；若力垂直于 $x$ 轴，则 $F_x=$____________；若力垂直于 $y$ 轴，则 $F_y=$____________。

5. 已知力 $\boldsymbol{F}$ 在 $x$ 轴和 $y$ 轴上的投影，试将力 $\boldsymbol{F}$ 的指向填在下表中。

| 力 $\boldsymbol{F}$ 在坐标轴上的投影 | | 力 $\boldsymbol{F}$ 的指向 |
|---|---|---|
| $x$ 轴 | $y$ 轴 | |
| $F_x>0$ | $F_y>0$ | 指向右上 |
| $F_x<0$ | $F_y=0$ | |
| $F_x>0$ | $F_y<0$ | |
| $F_x=0$ | $F_y>0$ | |

6. 合力投影定理是指合力在任意一个坐标轴上的投影等于____________在同一坐标轴上投影的____________。

7. 平面汇交力系平衡的解析条件：力系中____________在任意两坐标轴上投影的代数和____________。其表达式为____________和____________，此表达式又称为平面汇交力系的____________。

8. 利用平面汇交力系平衡方程解题的步骤如下：

（1）选定____________，并画出受力图。

（2）选定____________，画在受力图上；并作出各个力的____________。

（3）____________，求解未知量。

9. 平面汇交力系的两个平衡方程可解____个未知量。若求得未知力为负值，表示该力的实际指向与受力图所示方向＿＿＿＿＿＿。

10. 在符合三力平衡条件的平衡刚体上，三力一定构成＿＿＿＿＿＿力系。

11. 用力拧紧螺母，其拧紧的程度不仅与力的＿＿＿＿＿＿有关，而且与螺母中心到力的作用线的＿＿＿＿＿＿有关。

12. 力矩的大小等于＿＿＿＿＿＿和＿＿＿＿＿＿的乘积，通常规定力使物体绕矩心＿＿＿＿＿＿转动时力矩为正，反之为负。力矩以符号＿＿＿＿＿＿表示，$O$ 点称为＿＿＿＿＿＿，力矩的单位是＿＿＿＿＿＿。

13. 由合力矩定理可知，平面＿＿＿＿＿＿力系的＿＿＿＿＿＿对平面内任一点的力矩，等于力系中＿＿＿＿＿＿对于同一点力矩的＿＿＿＿＿＿。

14. 绕定点转动物体的平衡条件：各力对转动中心 $O$ 点的矩的＿＿＿＿＿＿。用公式表示为＿＿＿＿＿＿。

15. 大小＿＿＿＿＿＿、方向＿＿＿＿＿＿、作用线＿＿＿＿＿＿的二力组成的力系，称为力偶。力偶中二力之间的距离称为＿＿＿＿＿＿。力偶所在的平面称为＿＿＿＿＿＿。

16. 在平面问题中，力偶对物体的作用效果以＿＿＿＿＿＿和＿＿＿＿＿＿的乘积来度量，这个乘积称为＿＿＿＿＿＿，用符号＿＿＿＿＿＿表示。

17. 力偶三要素是力偶矩的大小、＿＿＿＿＿＿和＿＿＿＿＿＿。

## 二、判断题（正确的打“√”，错误的打“×”）

1. 共线力系是平面汇交力系的特殊情形，但汇交点不能确定。（　）

2. 平面汇交力系的合力一定大于任何一个分力。（　）

3. 力在垂直坐标轴上的投影的绝对值与该力的正交分力大小一定相等。（　）

4. 若力系在平面内任意一坐标轴上投影的代数和为零，则该力系一定是平衡力系。（　）

5. 只要正确列出平衡方程，则无论坐标轴方向及矩心位置如何选取，未知量的最终计算结果总应一致。（　）

6. 力矩和力偶都是描述受力物体转动效果的物理量，力矩和力偶的含义及性质完全相同。（　）

7. 力矩使物体绕定点转动的效果取决于力的大小和力臂的大小两个方面。（　）

8. 同时改变力偶中力的大小和力偶臂的长短，而不改变力偶的转向，力偶对物体的作用效果就一定不会改变。（　）

9. 力偶矩的大小和转向决定了力偶对物体的作用效果，而与矩心的位置无关。（　）

## 三、选择题（将正确答案的代号填入括号内）

1. 平面汇交力系的合力一定等于（　　）。

A. 各分力的代数和　　B. 各分力的矢量和

C. 零

2. 如图 2-1 所示的两个力三角形，（　　）平衡力系。

A. 图 a 是　　B. 图 b 是

C. 两个都不是

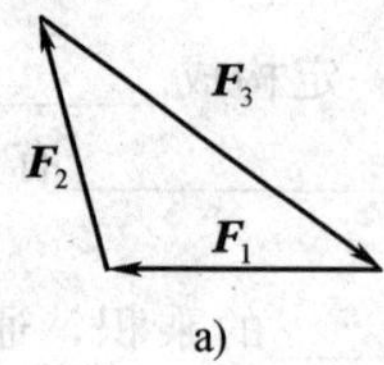

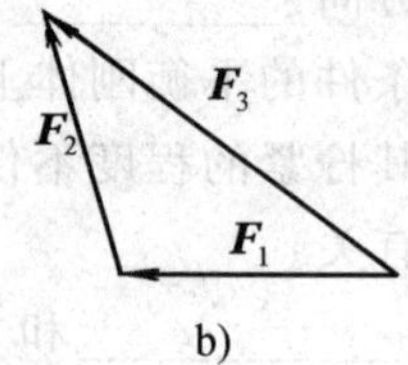


图 2-1

3. 力使物体绕定点转动的效果用（　　）来度量。

A. 力矩　　　　　　　　　　　B. 力偶矩

C. 力的大小和方向

4. 如图 2-2 所示，（　　）正确表示了力 $\boldsymbol{F}$ 对 $A$ 点之矩为 $M_A(\boldsymbol{F})=2Fl$。

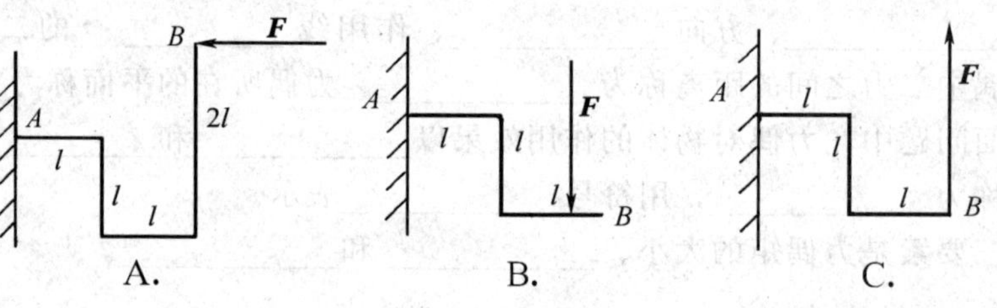


图 2-2

5. 力偶可以用一个（　　）来平衡。

A. 力　　　　　　　　　　　　B. 力矩

C. 力偶

6. 力矩不为零的条件是（　　）。

A. 作用力不等于零　　　　　　B. 力的作用线不通过矩心

C. 作用力和力臂均不为零

7. 如图 2-3 所示的各组力偶中，两个力偶等效的是（　　）。

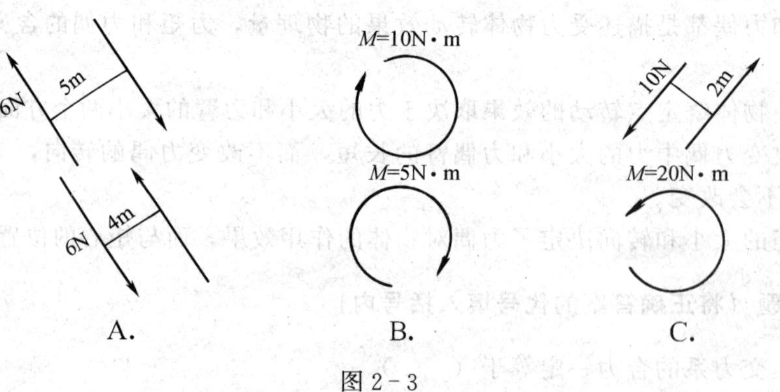


图 2-3

8. 为便于解题，力的投影坐标轴方向一般应按（　　）选取，且将坐标原点与汇交点重合。

A. 水平或铅垂　　　　　　　　B. 任意

C. 尽量与未知力垂直或与多数力平行

## 四、简答题

1. 如图 2－4 所示，刚架 $A$、$C$ 两点上力 $\boldsymbol{F}_1$、$\boldsymbol{F}_2$ 的作用线交于 $B$ 点，若在 $D$ 点上加力 $\boldsymbol{F}_3$，使刚架平衡，则力 $\boldsymbol{F}_3$ 的作用线一定通过哪一点？其指向如何？

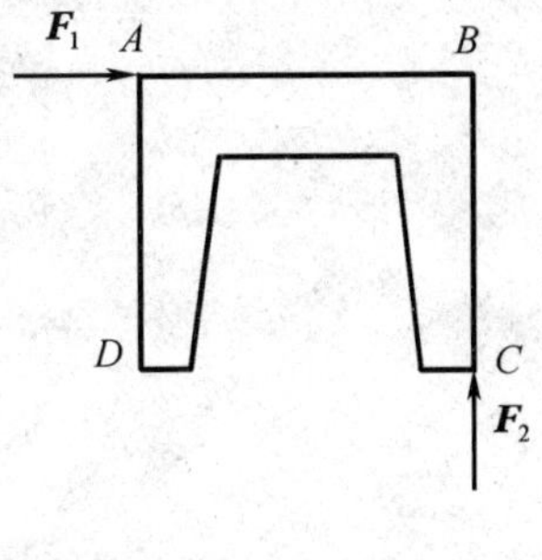

图 2－4

2. 如图 2－5 所示，刚体受两力偶（$\boldsymbol{F}_1$，$\boldsymbol{F}_1{}'$）和（$\boldsymbol{F}_2$，$\boldsymbol{F}_2{}'$）作用，其力多边形恰好闭合，刚体处于平衡状态吗？

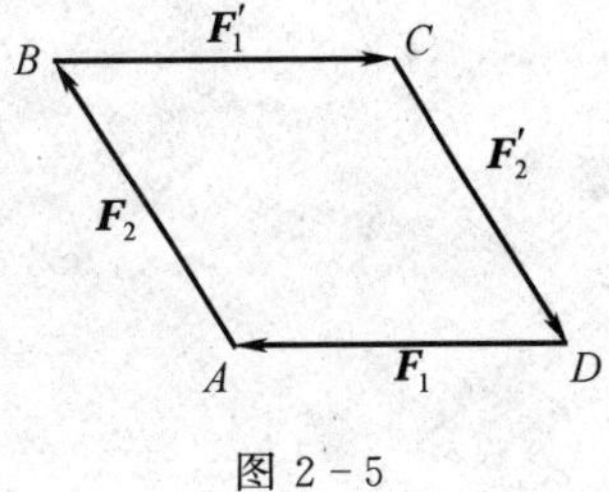

图 2－5

3. 如图 2－6 所示，半径为 $r$ 的圆盘在力偶 $M=Fr$ 的作用下转动，如在盘的 $\frac{r}{2}$ 处加一力 $\boldsymbol{F}'$，且 $F'=2F$，便可使圆盘平衡，这是否能说明力偶矩可用一个力来平衡？

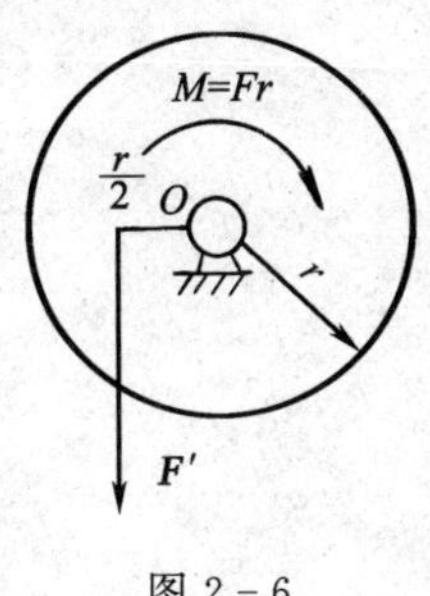

图 2－6

4. 按图 2－7 所示的两种不同捆法（$\alpha<\beta$）吊起同一重物，哪种捆法绳子易断？为什么？

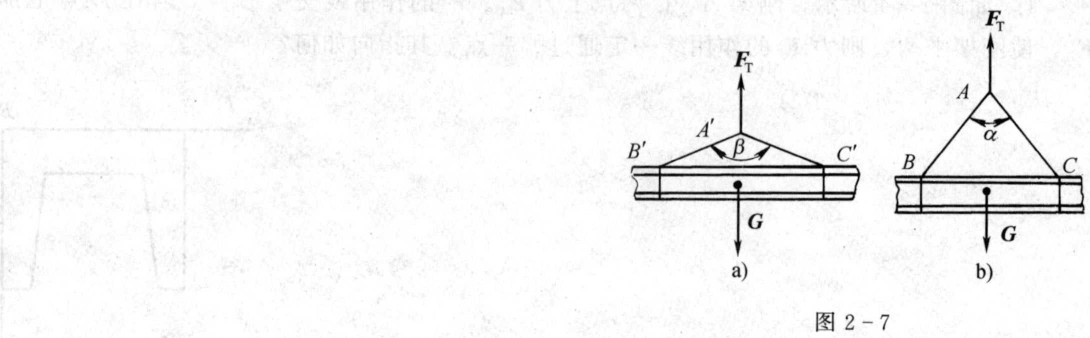


图 2－7

5. 结合图 2－8 所示的实例说明力偶的等效性。

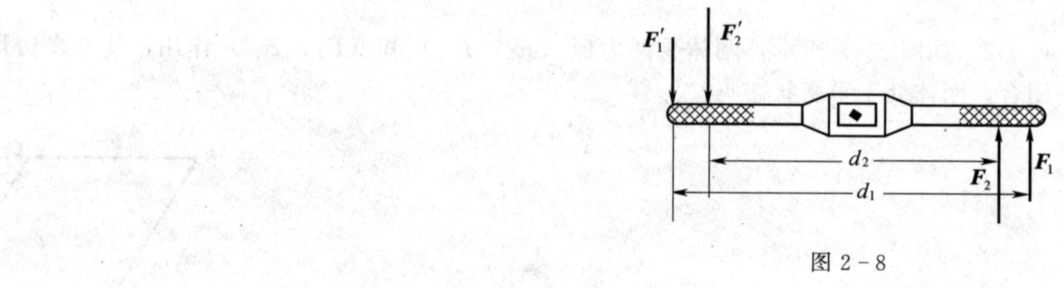


图 2－8

## 五、计算题

1. 如图 2－9 所示，已知 $F_1=F_2=F_3=F_4=40$ N，试分别求出各力在 $x$ 轴、$y$ 轴上的投影。

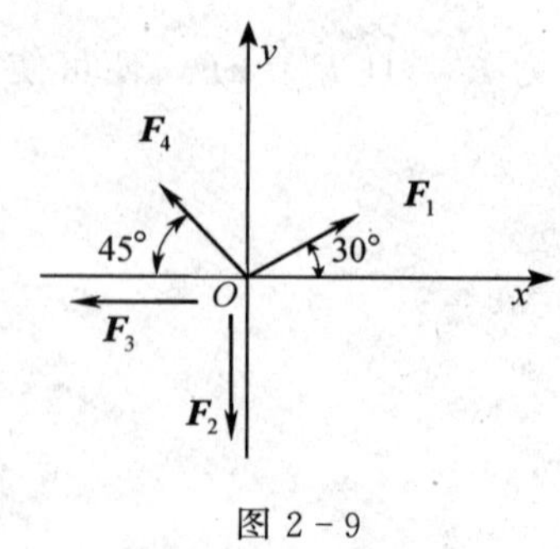


图 2－9

2. 如图 2－10 所示，已知 $F_1=F_2=F_4=100\ \text{N}$，$F_3=F_5=150\ \text{N}$，$F_6=200\ \text{N}$，试求各力在 $x$ 轴和 $y$ 轴上的投影。

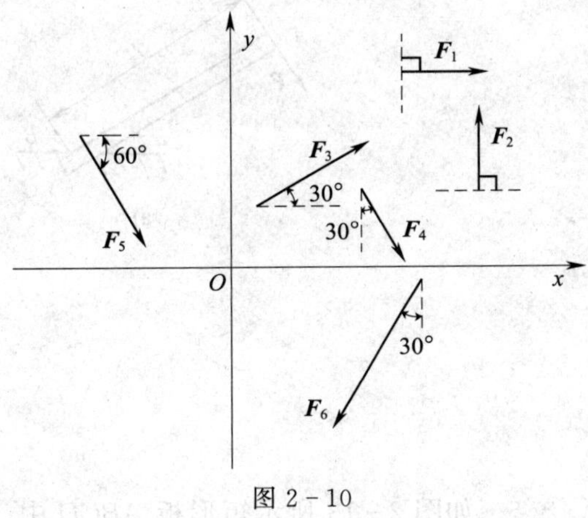

图 2－10

3. 试求图 2－11 所示各力分别对 $O$ 点和 $A$ 点的力矩（用代数式表示）。

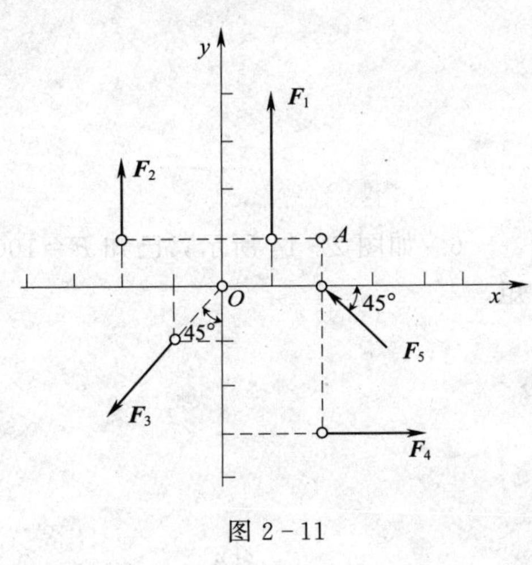

图 2－11

4．如图 2－12 所示，已知 $F=50$ N，$l_a=0.6$ m，$\alpha=30°$，试求力 **F** 对 $B$ 点的力矩。

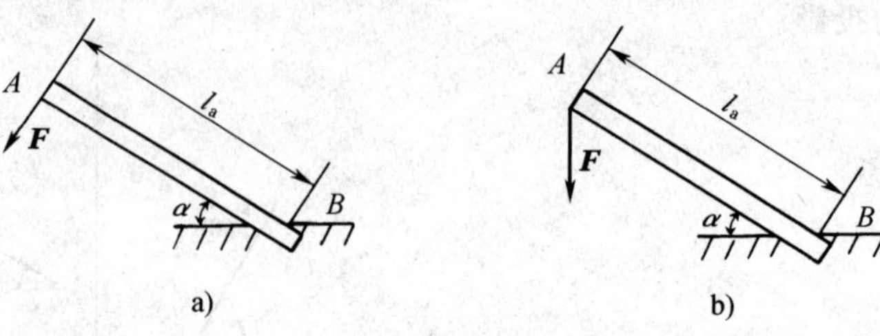


图 2－12

5．如图 2－13 所示矩形板 $ABCD$ 中，$AB=100$ mm，$BC=80$ mm，若力 $F=10$ N，$\alpha=30°$，试分别计算力 **F** 对 $A$、$B$、$C$、$D$ 各点的力矩。

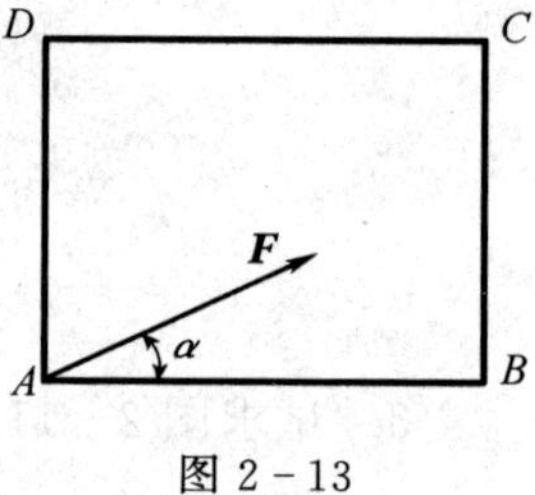


图 2－13

6．如图 2－14 所示，已知 $F=100$ N，$l_a=80$ mm，$l_b=15$ mm，试求力 **F** 对点 $A$ 的力矩。

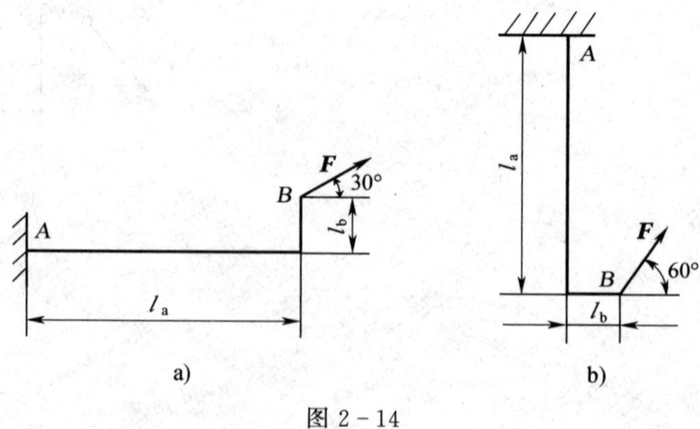


图 2－14

7. 图 2－15 所示为拖拉机制动装置，制动时用力 $\boldsymbol{F}$ 踩踏板，通过拉杆 $CD$ 而使拖拉机制动。设 $F=100\ \mathrm{N}$，踏板和拉杆自重不计。求图示位置拉杆的拉力 $\boldsymbol{F}_{\mathrm{D}}$ 及铰链支座 $B$ 的约束反力。

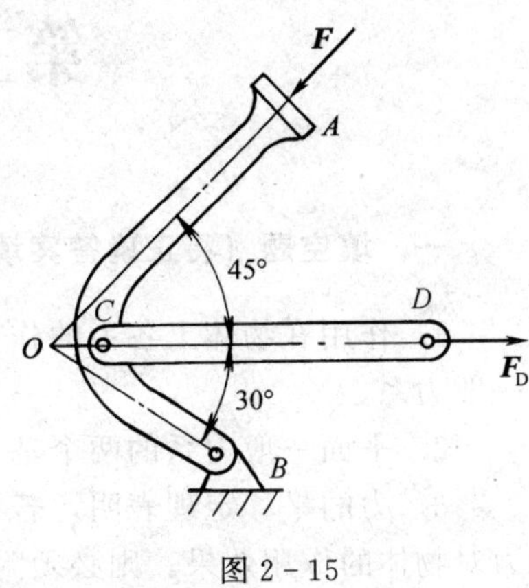


图 2－15

*8. 如图 2－16 所示，梁 $AB$ 受一力偶作用，力偶矩 $M=1\ \mathrm{kN \cdot m}$，求支座 $A$、$B$ 的约束反力（$\alpha=30°$）。

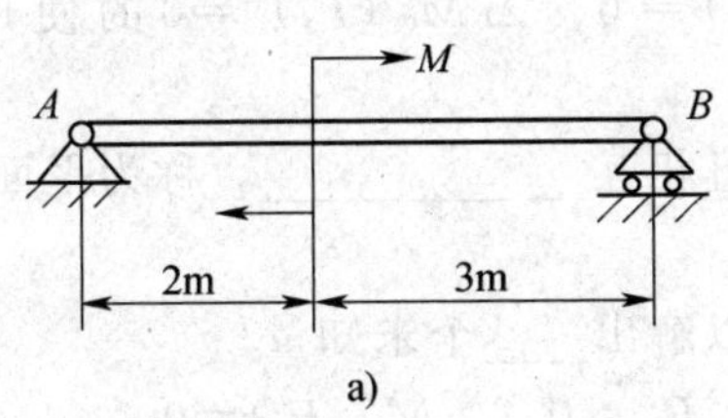


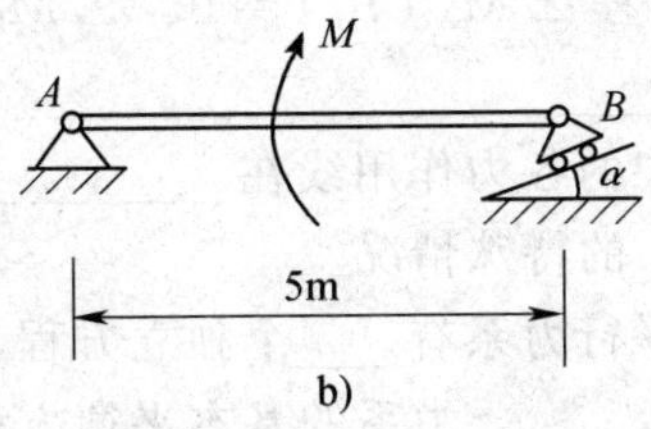


图 2－16

# 第三章　平面一般力系

## 一、填空题（将正确答案填写在横线上）

1. 作用在物体上各力的作用线都在________，并呈________的力系称为平面一般力系。

2. 平面一般力系的两个基本问题是____________及其____________。

3. 力的平移定理表明，若将作用在物体某点的力平移到物体上的另一点，而不改变原力对物体的作用效果，则必须附加一力偶，其力偶矩等于________________。

4. 平面一般力系向已知中心点简化后得到________和________。

5. 平面一般力系的平衡条件：各力在任意两个________的坐标轴上的分量的代数和________，力系中所有的力对平面内________的力矩的____________。

6. 平面一般力系平衡方程中，两个投影式________和________保证物体不发生________；一个力矩式________保证物体不发生________。三个独立的方程，可以求解____个未知量。

7. 平面一般力系平衡问题的求解中，固定铰链的约束反力可以分解为________；固定端约束反力可以简化为________和________。

8. 平衡方程$\sum M_A(\boldsymbol{F}_i)=0$、$\sum M_B(\boldsymbol{F}_i)=0$、$\sum F_{ix}=0$适用于________力系，其使用限制条件为________________________。

9. 平衡方程$\sum M_A(\boldsymbol{F}_i)=0$、$\sum M_B(\boldsymbol{F}_i)=0$、$\sum M_C(\boldsymbol{F}_i)=0$的使用限制条件为________________________。

10. 力系中的各力作用线在________且相互________，称为平面平行力系。它是________的特殊情况。

11. 平面平行力系有____个独立方程，可以解出____个未知量。

12. ________力系的基本平衡方程：$\sum F_{ix}=0$，$\sum M_O(\boldsymbol{F}_i)=0$。

*13. 摩擦角$\varphi_m$为________与接触面法线间的夹角。$\varphi_m$的正切称为________。

*14. 物体因自重而不能在倾角为$\alpha$的斜平面上自锁的条件是$\alpha$ ______ $\varphi_m$。

*15. 物体在槽面内滑动时，两槽面间夹角越小，产生的槽面摩擦力越________。

## 二、判断题（正确的打“√”，错误的打“×”）

1. 作用于物体上的力，其作用线可在物体上任意平行移动，其作用效果不变。（　）

2. 平面一般力系的平衡方程可用于求解各种平面力系的平衡问题。（　）

3. 若用平衡方程解出未知力为负值，则表明：

(1) 该力的真实方向与受力图上假设的方向相反。（　）

(2) 该力在坐标轴上的投影一定为负值。（　）

4. 对于受平面一般力系作用的物体系统，最多只能列出三个独立方程，求解三个未知量。（　）

5. 各力作用线互相平行的力系都是平面平行力系。（　）

6. 坐标轴的取向不影响最终计算结果，故列平衡方程时选择坐标轴指向无实际意义。（　）

7. 对于平面平行力系的平衡方程来说：

(1) 平面平行力系的平衡方程可写成两种形式。（　）

(2) 平面平行力系的一种形式的平衡方程最多可解两个未知量。（　）

(3) 根据 (1) 和 (2) 可知，利用平面平行力系的平衡方程最多可求解四个未知量。（　）

*8. 无论驱动外力的大小和方向如何变化，物体因摩擦作用而始终保持静止的现象称为自锁。（　）

*9. 槽面摩擦力小于平面摩擦力。（　）

*10. 滚动摩擦力小于滑动摩擦力。（　）

**三、选择题（将正确答案的代号填入括号内）**

1. 如图 3-1 所示悬臂梁，一端固定，其上作用有共面且垂直于杆轴线的力，主动力和约束反力构成平面（　）力系。

A. 汇交　　B. 平行

C. 一般

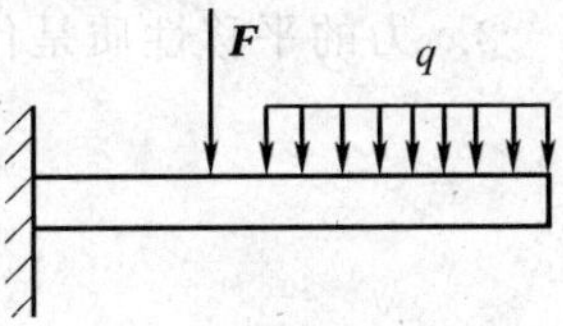

图 3-1

2. 一力向新作用点平移后，新作用点上有（　）。

A. 一个力

B. 一个力偶

C. 一个力与一个力偶

3. 若平面一般力系向某点简化后合力矩为零，则其合力（　）。

A. 一定为零

B. 不一定为零

C. 一定不为零

4. 一力做平行移动后，新作用点的附加力偶矩一定（　）。

A. 存在且与平移距离无关

B. 存在且与平移距离有关

C. 不存在

5. 力矩平衡方程中的每一个单项必须是（　）。

A. 力　　B. 力矩

C. 力偶　　D. 力对坐标轴的投影

*6. 当驱动外力的合力作用线与摩擦面法线所成的夹角不大于摩擦角时，物体总是处于（　）状态。

A. 平衡　　B. 运动

C. 自由　　D. 自锁

## 四、简答题

1. 平面力偶系的简化结果是什么？

2. 平面汇交力系的简化结果是什么？

3. 力的平移性质是什么？

4. 工人攻螺纹或铰孔时，要求双手握住铰杠的两端，一推一拉，均匀用力（见图 3 - 2a）。如果用一只手握住铰杠的一端用力（见图 3 - 2b），则丝锥容易折断，试简述原因。

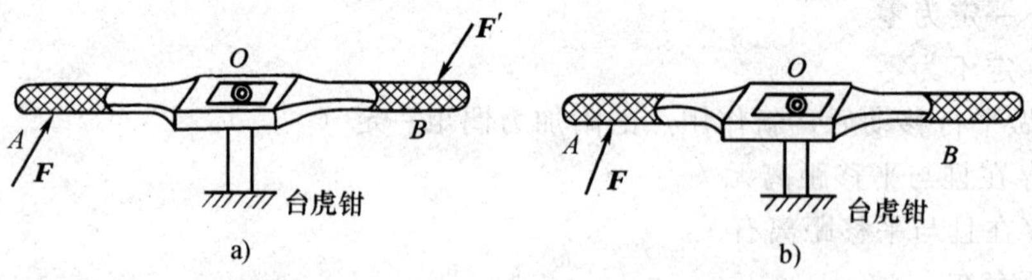


图 3 - 2

5. 试结合教材例 3－1 简要叙述平面一般力系平衡问题的解题要点和步骤。

## 五、作图题

将图 3－3 所示各轮缘上所受的力等效地平移到转动轴线上（直接在图上移动即可）。

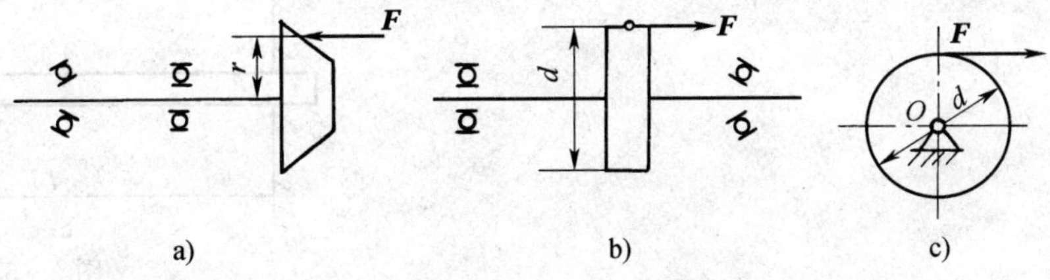


图 3－3

## 六、计算题

1. 如图 3－4 所示，悬臂梁长度 $l=3$ m，其上作用力偶 $M=2$ kN·m，力 $F=1$ kN，试求固定端 $A$ 的约束反力。

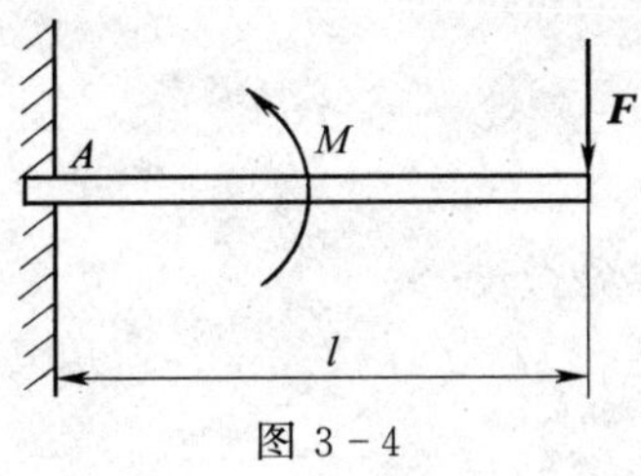


图 3－4

2. 如图 3－5 所示，已知 $l=500$ mm，$l_a=200$ mm，$l_b=300$ mm，$F=100$ N，$M=100$ N·m，试求各梁的约束反力（梁自重不计）。

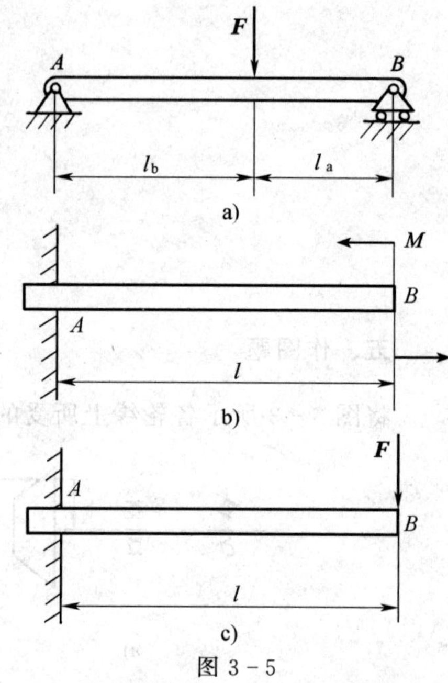


图 3－5

3. 如图 3－6 所示，已知重物重力 $G=100$ N，杆自重不计，BC 为一绳索，试求支架中 A、C 处的约束反力。

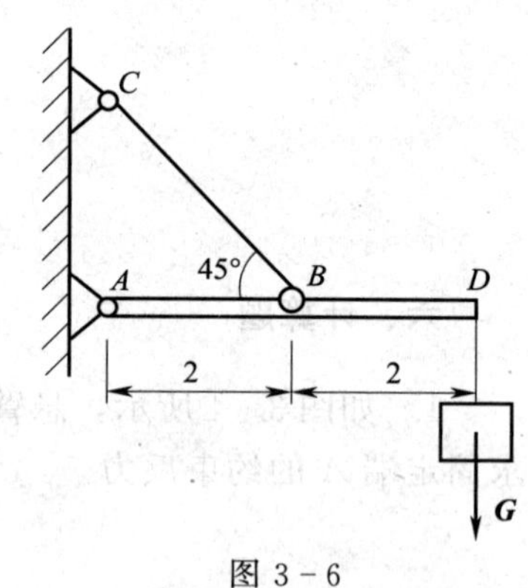


图 3－6

# 静力学综合测试题

**一、填空题（将正确答案填写在横线上。每空 1 分，共 37 分）**

1. 在任何力作用下保持__________和__________不变的物体称为刚体。

2. 刚体在三个力作用下处于平衡状态，其中两个力的作用线汇交于一点，则第三个力的作用线一定通过__________。

3. 力的三要素是__________、__________和__________。

4. 在作用着已知力系的刚体上，加上或减去任意的__________，并不改变原力系对刚体的__________。

5. 合力在任意一坐标轴上的__________，等于各分力在同一轴上__________的代数和。

6. 杆 $AB$ 受力如图 1 所示，$F_1=F_2=10$ N。$\boldsymbol{F}_1$对 $A$ 点的矩等于__________，$\boldsymbol{F}_2$对 $A$ 点的矩等于__________。$AB$ 杆处于__________状态。

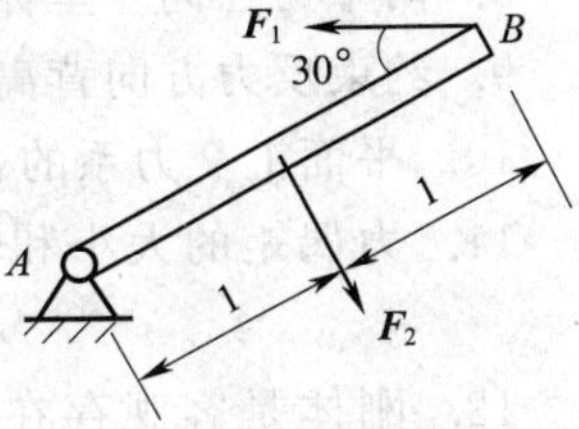

图 1

7. 平面一般力系平衡方程 $\begin{cases}\sum F_{ix}=0\\ \sum M_{\mathrm{A}}(\boldsymbol{F}_i)=0\\ \sum M_{\mathrm{B}}(\boldsymbol{F}_i)=0\end{cases}$ 的附加条件是__________；$\begin{cases}\sum M_{\mathrm{A}}(\boldsymbol{F}_i)=0\\ \sum M_{\mathrm{B}}(\boldsymbol{F}_i)=0\\ \sum M_{\mathrm{C}}(\boldsymbol{F}_i)=0\end{cases}$ 的附加条件是__________。

8. 柔性体约束对物体的约束反力方向沿__________的中心线背离__________。

9. 光滑圆柱铰链约束分为__________、__________和__________。

10. 约束作用于约束物体上的力称为__________。

11. 活动铰链的约束反力必通过__________并与__________相垂直。

12. 平面汇交力系的特点为__________，其平衡的充分必要条件为__________。

13. 力偶是指__________。

14. 力使物体产生的两种效应是__________效应和__________效应。

15. 力偶对物体的转动效应取决于__________、__________、__________三要素。

16. 如图 2 所示的棘轮机构，若不计棘爪 $AB$ 的重量，则当系统平衡时，棘爪 $A$ 处固定铰链支座的约束反力作用线应沿__________。

17. 当平面力系可以合成为一个合力时，则其合力对于作用面内任意一点之矩等于力系中各分力对同一点之矩的____________。

18. 组成力偶的两个力对其所在平面内任意一点之矩的代数和等于____________，力偶只能与____________平衡。

19. 平面一般力系向一点简化时得到的是____________和____________。

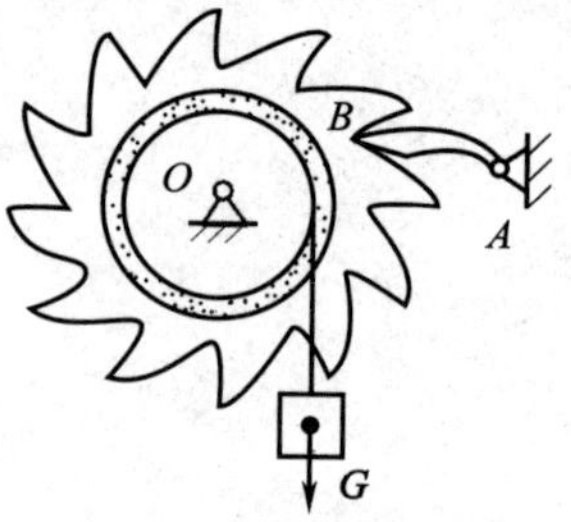

图 2

**二、判断题（正确的打"√"，错误的打"×"。每小题 1 分，共 15 分）**

1. 等值、反向、共线的两力一定能使物体平衡。（　　）
2. 无论用一个什么样的力都不能使力偶平衡。（　　）
3. 约束反力的方向一定与它所能限制的运动方向相反。（　　）
4. 作用线相交于一点的三力一定平衡。（　　）
5. 工人手推小车前进时，手和小车之间只存在手对车的作用力。（　　）
6. 力偶矩相同的力偶可以互换。（　　）
7. 作用力与反作用力是一组平衡力系。（　　）
8. 两个力在同一坐标轴上的投影相等，则此两力必相等。（　　）
9. 约束反力方向背离被约束物体的约束一定是柔性体约束。（　　）
10. 平面汇交力系的合力一定大于任何一个分力。（　　）
11. 力偶矩的大小和转向决定了力偶对物体的作用效果，而与矩心的位置无关。（　　）
12. 刚体是客观存在的，无论施加多大的力，它的形状和大小始终保持不变。（　　）
13. 二力平衡公理、加减平衡力系公理、力的可传性原理只适用于刚体。（　　）
14. 根据力的可传性原理，力可在刚体上任意移动而不改变该力对刚体的作用效果。（　　）
15. 只要正确列出平衡方程，则无论坐标轴方向及矩心位置如何选取，未知量的最终计算结果总应一致。（　　）

**三、单项选择题（在每小题列出的备选项中只有一个是符合题目要求的，请将其代号填入括号内。每小题 2 分，共 14 分）**

1. 只要合力为零就能平衡的力系是（　　）。

A. 平面汇交力系　　B. 平面一般力系
C. 平面平行力系

2. 一平面力系仅满足 $\sum F_{ix}=0$，$\sum F_{iy}=0$，则该力系处于（　　）状态。

A. 转动　　B. 平衡
C. 变速移动　　D. 既移动又转动

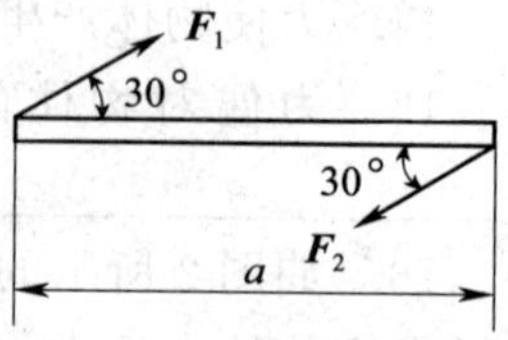

图 3

3. 如图 3 所示的一对力偶，已知 $F_1=F_2=20$ N，$a=100$ mm。

其力偶矩等于（　　）N·mm。

A. 1 000　　B. 2 000

C. −1 000　　D. −2 000

4. 光滑面对物体的约束反力作用在接触点处，其方向沿接触面的公法线（　　）。

A. 指向受力物体，为拉力　　B. 指向受力物体，为压力

C. 背离受力物体，为拉力　　D. 背离受力物体，为压力

5. 静力学研究的对象主要是（　　）。

A. 受力物体　　B. 施力物体

C. 运动物体　　D. 平衡物体

6. 力矩不为零的条件是（　　）。

A. 作用力不等于零　　B. 力的作用线不通过矩心

C. 作用力和力臂均不为零

7. 一力向新作用点平移后，新作用点上有（　　）。

A. 一个力　　B. 一个力偶

C. 一个力与一个力偶

**四、作图题（7 分）**

分别画出图 4 中 *AB* 杆和球体的受力图（*AB* 杆的自重不计）。

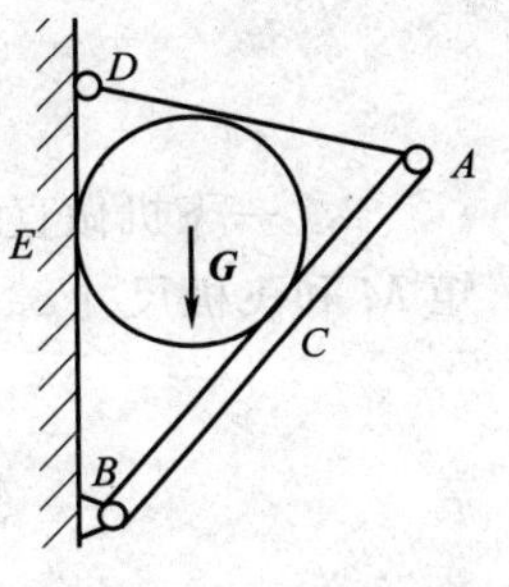


图 4

## 五、计算题（每小题 9 分，共 27 分）

1. 在图 5 所示平面构架中，已知 $\boldsymbol{F}$、$a$，试求 $A$、$B$ 两支座的反力。

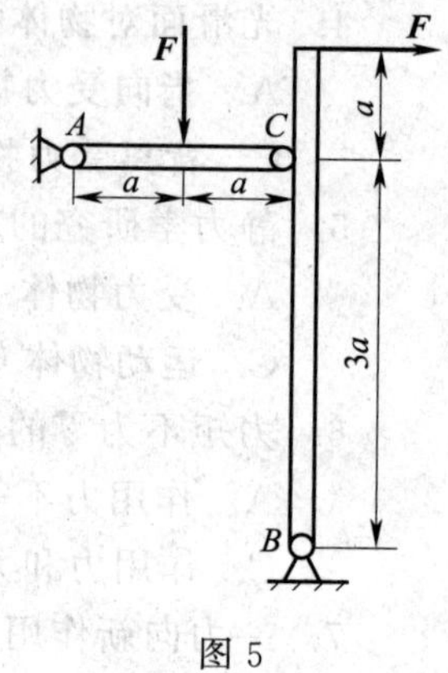


图 5

2. 一飞机做直线水平匀速飞行，如图 6 所示。已知飞机的重力 $\boldsymbol{G}$，阻力 $\boldsymbol{F}_{\mathrm{D}}$，俯仰力偶矩 $M$ 和飞机尺寸 $a$、$b$、$d$。试求飞机的升力 $\boldsymbol{F}_{\mathrm{L}}$、尾翼载荷 $\boldsymbol{F}_{\mathrm{Q}}$ 和喷气推力 $\boldsymbol{F}_{\mathrm{T}}$。

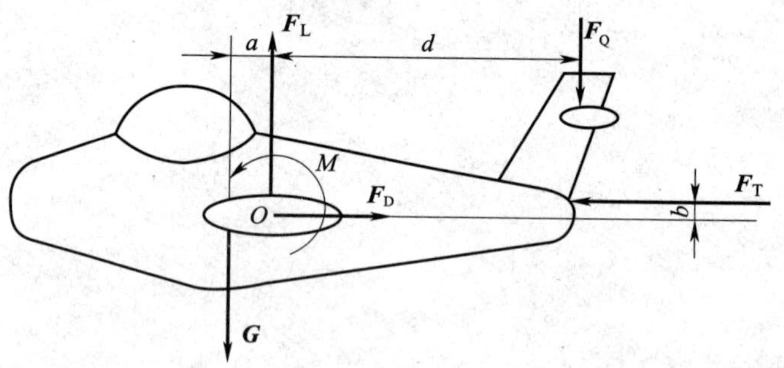


图 6

3. 塔式起重机如图 7 所示，已知机架重力 $\boldsymbol{G}$，最大起重载荷 $\boldsymbol{W}$，平衡锤的重力 $\boldsymbol{W}_{\mathrm{Q}}$ 以及尺寸 $a$、$b$、$e$，要求起重机满载和空载时均不会翻倒，求 $\boldsymbol{W}_{\mathrm{Q}}$ 的范围。

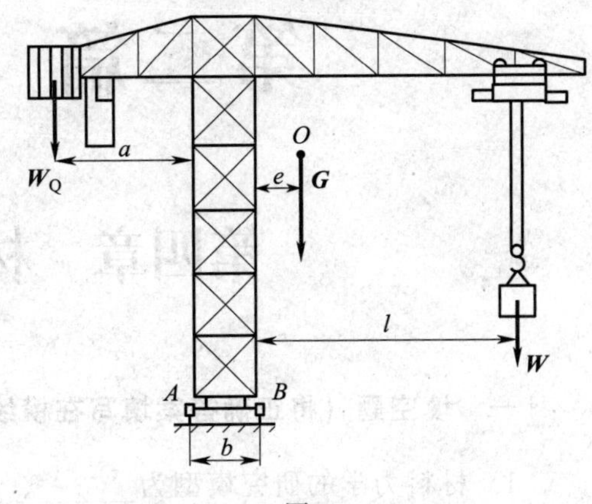

图 7

# 第二篇 材 料 力 学

## 第四章 材料力学基础知识

### 一、填空题（将正确答案填写在横线上）

1. 材料力学的研究模型为______、______、______和______。

2. 杆件是____________尺寸远大于____________尺寸的构件。

3. 材料力学的研究对象是____________，它在载荷作用下将产生变形，故又称为____________。

4. 变形固体的变形可分为____________和____________。

5. 构件安全工作的基本要求是：构件必须具有足够的强度、____________和____________。

6. 杆件变形的基本形式有____________、____________、____________和____________。

7. 吊车起吊重物时，钢丝绳的变形是____________；汽车行驶时，传动轴的变形是____________；教室中大梁的变形是____________；建筑物的立柱受____________变形；螺旋千斤顶中的螺杆受____________变形。

*8. 在材料力学中，对可变形固体的性质所做的基本假设是____________假设、____________假设和____________假设。

### 二、选择题（将正确答案的代号填入括号内）

1. 构件抵抗变形的能力称为（　　），抵抗破坏的能力称为（　　）。

   A. 强度　　B. 刚度　　C. 稳定性

   D. 弹性　　E. 塑性

2. 静力学中的力的可传性原理和加减平衡力系公理，在材料力学中（　　），而作用与反作用力公理（　　）。

   A. 仍然适用　　B. 已不适用

   C. 无法确定

3. 通常工程中不允许构件发生（　　）变形。

   A. 弹性　　B. 塑性

   C. 任何　　D. 小

4. 材料的塑性变形是指（　　）。

①受力超过弹性极限的变形。

②受力后不能恢复原状的变形。

③撤销外力后残留的变形。

④撤销外力后消失的变形。

A. ①③　　B. ②④

C. ①④　　D. ②③

5. 构件在外力作用下（　　）的能力称为稳定性。

A. 不发生断裂　　B. 维持原有平衡状态

C. 不发生变形　　D. 保持静止

## 三、简答题

*1. 图 4－1 中应对哪些构件提出强度要求？对哪些构件提出刚度要求？对哪些构件提出稳定性要求？

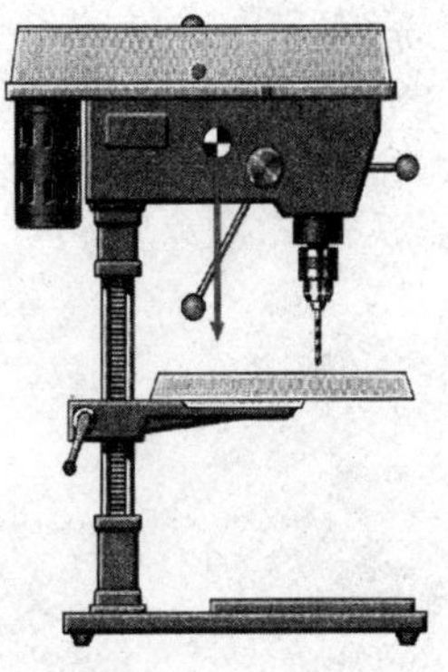

图 4－1

2. 结合图 4－2，说明对钢丝绳的强度要求。

图 4－2

3. 材料力学的任务是什么？

# 第五章　拉伸和压缩

## 一、填空题（将正确答案填写在横线上）

1. 轴向拉伸或压缩的受力特点是作用于杆件两端的外力________、________，作用线与________；变形特点是杆件沿________________；构件特点是________________。

2. 图 5－1 所示各杆件中受拉伸的杆件有__________，受压缩的杆件有________。

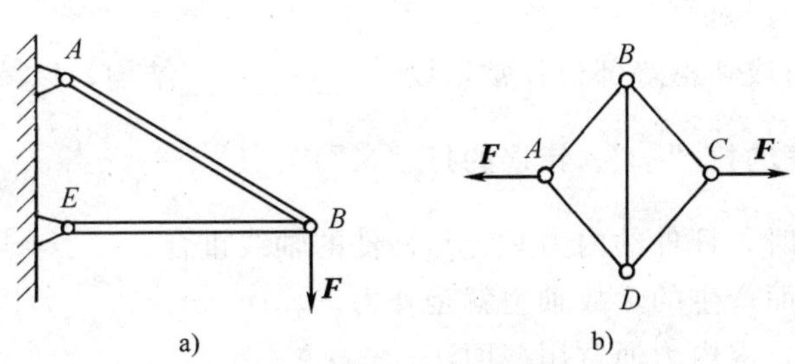


图 5－1

3. 内力是外力作用引起的，不同的________引起不同的内力，轴向拉、压变形时的内力称为________，剪切变形时的内力称为________，扭转变形时的内力称为________，弯曲变形时的内力称为________。

4. 构件在外力作用下，________的内力称为应力。轴向拉、压时，由于应力与横截面________，故称为________；计算公式是________；单位是________或________。1 MPa＝________ $N \cdot m^2$＝________ $N \cdot mm^2$。

5. 杆件受拉、压时的应力，在截面上是________分布的。

6. 正应力的正负号规定与________相同，________时的应力为________，符号为正；________时的应力为________，符号为负。

7. 为了消除杆件长度的影响，通常以________除以原长得到单位长度上的变形量，称为________，又称为线应变，用符号____表示，其表达式是____________。

8. 在杆内轴力不超过某一限度时，杆的绝对变形与________和________成正比，而与________成反比。

9. 胡克定律的两种数学表达式为________和________。$E$ 称为材料的________，它是衡量材料抵抗________能力的一个指标。

10. 通常用________代表塑性材料，用________代表脆性材料。

11. 应力变化不大，应变显著增大，从而产生明显的________的现象，称为

____________。

12. 衡量材料强度的两个重要指标是____________和____________。

13. 采用____________的热处理方法可以消除冷作硬化现象。

14. 铸铁等脆性材料的____________很低，因此，不宜作为承拉零件的材料。

15. 工程上把材料丧失____________时的应力称为危险应力或____________，以符号____________表示。对于塑性材料，危险应力为____________；对于脆性材料，危险应力为____________。

16. 材料的危险应力除以一个大于 1 的系数 $n$ 作为材料的____________，它是构件安全工作时允许承受的____________，用符号____________表示，$n$ 称为____________。

17. 通常工程材料丧失工作能力的情况是塑性材料发生____________现象，脆性材料发生____________现象。

18. 构件的强度不够是指其工作应力____________构件材料的许用应力。

19. 拉（压）杆强度条件可用于解决校核强度、________________和________________三类问题。

*20. 在圆轴的台肩或切槽等部位，常增设____________结构，以减小应力集中。

**二、判断题（正确的打“√”，错误的打“×”）**

1. 轴向拉（压）时，杆件的内力必定与杆件的轴线重合。 （ ）
2. 轴力是因外力而产生的，故轴力就是外力。 （ ）
3. 拉、压变形时，求内力通常用截面法。 （ ）
4. 使用截面法求得的杆件的轴力，与杆件截面积的大小无关。 （ ）
5. 截面法表明，只要将受力构件切断，即可观察到截面上的内力。 （ ）
6. 杆件的不同部位作用着若干个轴向外力，从杆件的不同部位截开时求得的轴力都相同。 （ ）
7. 正应力是指垂直于杆件横截面的应力，它又可分为正值正应力和负值正应力。（ ）
8. 应力方向垂直于杆轴线，应力表示了杆件所受内力的强弱程度。 （ ）
9. 当杆件受拉伸时，绝对变形 $\Delta L$ 为负值。 （ ）
10. 当杆件受压缩时，线应变 $\varepsilon$ 为负值。 （ ）
11. 两根材料不同、长度和横截面积相同的杆件，受相同轴向力作用，则：

（1）两杆的内力相同。 （ ）

（2）两杆的应力相同。 （ ）

（3）两杆的绝对变形相同。 （ ）

（4）两杆的相对变形相同。 （ ）

（5）材料的许用应力相同。 （ ）

（6）两杆的强度相同。 （ ）

12. 构件的工作应力可以和其极限应力相等。 （ ）
13. 设计构件时，须在节省材料的前提下尽量满足安全工作的要求。 （ ）
14. 图 5－2 所示的$\sigma$—$\varepsilon$ 曲线上：

（1）对应 $a$ 点的应力称为比例极限。 （ ）

(2) 对应 $b$ 点的应力称为屈服强度。 (　　)

(3) 对应 $d$ 点的应力称为强化极限。 (　　)

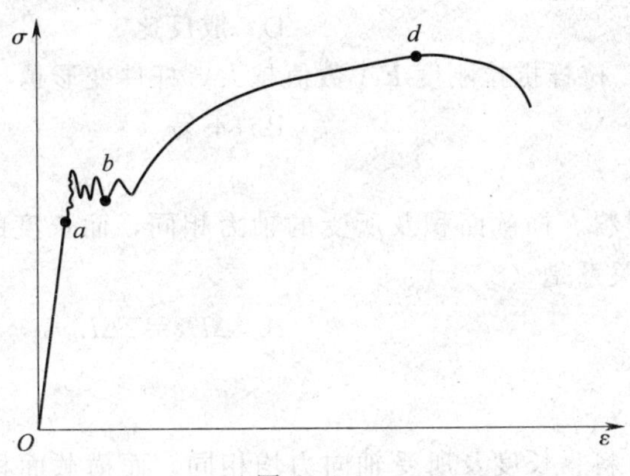


图 5-2

*15. 构件上的应力集中部位极容易发生破坏。 (　　)

**三、选择题（将正确答案的代号填入括号内）**

1. 在图 5-3 中，符合拉杆受力特点的是（　　）。

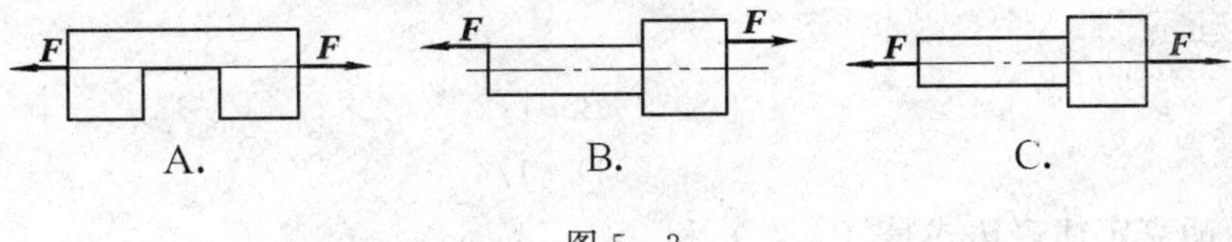


图 5-3

2. 为研究构件的内力和应力，材料力学中广泛使用了（　　）。

A. 几何法　　B. 解析法

C. 投影法　　D. 截面法

3. 图 5-4 所示 $AB$ 杆两端受大小为 $F$ 的力的作用，则杆内截面上的内力大小为（　　），杆内截面上的应力为（　　）。

A. $F$　　B. $F/2$

C. 0　　D. 拉应力

E. 压应力

4. 图 5-5 所示 $AB$ 杆受大小为 $F$ 的力的作用，则杆内截面上的内力大小为（　　）。若杆件横截面积为 $A$，则杆内的应力值为（　　）。

A. $F/2$　　B. $F$

C. 0　　D. $F/A$

E. $F/2A$

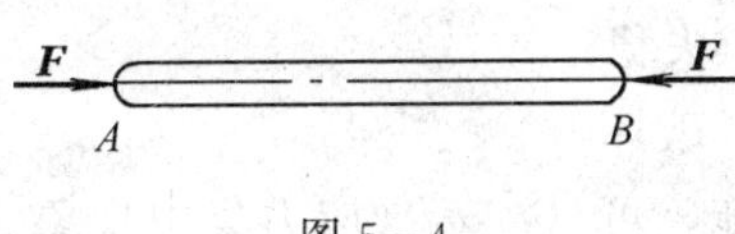


图 5-4

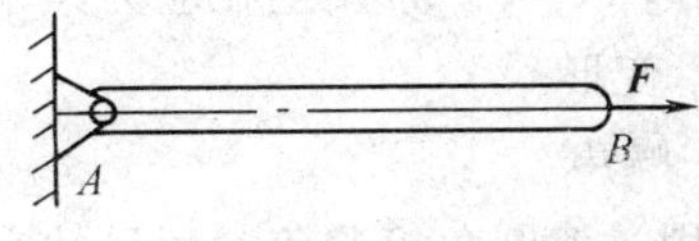


图 5-5

5. 胡克定律表明，在材料的弹性变形范围内，应力和应变（　　）。

A. 相等　　B. 互为倒数

C. 成正比　　D. 成反比

6. 在弹性范围内，拉杆抗拉刚度 $EA$ 数值越大，杆件变形越（　　）。

A. 容易　　B. 不易

C. 显著

7. $A$、$B$ 两杆的材料、横截面积及所受的轴力相同，而长度的关系为 $L_A=2L_B$，则绝对变形 $\Delta L_A$ 与 $\Delta L_B$ 的关系是（　　）。

A. $\Delta L_A=\Delta L_B$　　B. $\Delta L_A=2\Delta L_B$

C. $\Delta L_A=\frac{1}{2}\Delta L_B$

8. $A$、$B$ 两杆的材料、长度及所受轴向力均相同，而横截面积的关系为 $A_A=2A_B$，则绝对变形 $\Delta L_A$ 与 $\Delta L_B$ 的关系是（　　）。

A. $\Delta L_A=\Delta L_B$　　B. $\Delta L_A=2\Delta L_B$

C. $\Delta L_A=\frac{1}{2}\Delta L_B$

9. $A$、$B$ 两杆的材料、长度及横截面积均相同，杆 $A$ 所受轴力是杆 $B$ 所受轴力的两倍，则 $\Delta L_A:\Delta L_B=$（　　）。

A. 2　　B. 1/2

C. 1　　D. 1/4

10. 拉压胡克定律表达式是（　　）和（　　）。

A. $\Delta L=F_NL_0/(EA)$　　B. $\sigma=\varepsilon/E$

C. $\Delta L=EL/(F_NA)$　　D. $E=\sigma/\varepsilon$

11. 低碳钢等塑性材料的极限应力是材料的（　　）。

A. 许用应力　　B. 屈服极限

C. 强度极限　　D. 比例极限

12. 构件的许用应力 $[\sigma]$ 是保证构件安全工作的（　　）。

A. 最高工作应力　　B. 最低工作应力

C. 平均工作应力

13. 按照强度条件，构件危险截面上的工作应力不应超过材料的（　　）。

A. 许用应力　　B. 极限应力

C. 破坏应力

14. 拉（压）杆的危险截面必为全杆中（　　）的横截面。

A. 正应力最大　　B. 面积最大

C. 轴力最大

*15. 由于（　　）常发生在应力集中处，须尽量减少应力集中对构件的影响。

A. 变形　　B. 失稳

C. 噪声　　D. 破坏

*16. 采用过渡圆角等避免截面尺寸突变的措施，可（　　）应力集中现象。

A. 消除　　　　　　　　　　B. 降低

C. 增大

## 四、简答题

1. 低碳钢试件从开始拉伸到断裂的整个过程中经过哪几个阶段？有哪些变形现象？

2. 试述塑性材料和脆性材料的力学性能的主要区别。

3. 衡量脆性材料强度的指标是什么？为什么？

4. 什么是安全系数？通常安全系数的取值范围是如何规定的？它取得过大或过小会引起怎样的后果？

五、计算题

1. 试求图 5-6 所示杆件上指定截面内力的大小。

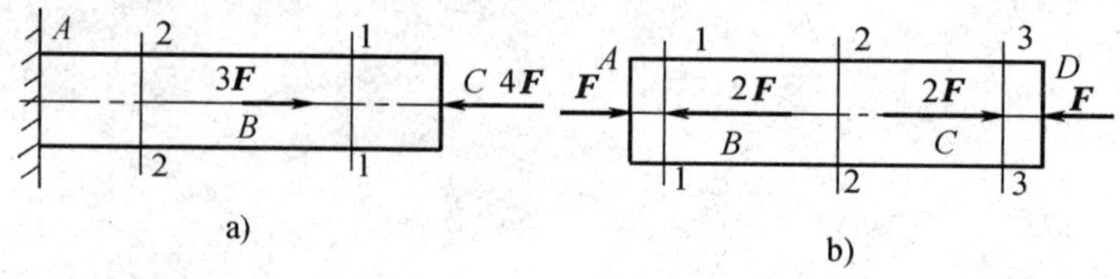


图 5-6

2. 在图 5-6 中，若杆件的横截面积 $A$ 为 1 000 $mm^2$，$F$=1 kN，试求各指定截面的应力大小，并指出是拉应力还是压应力。

3. 长 0.3 m 的杆的横截面积为 300 $mm^2$，受 30 000 N 拉力后伸长 0.2 mm，试求该杆材料的弹性模量。

4. 如图 5-7 所示构件，设各段截面的面积分别为 $A_1$=100 $mm^2$，$A_2$=200 $mm^2$，$A_3$=250 $mm^2$，试求指定截面上的应力。

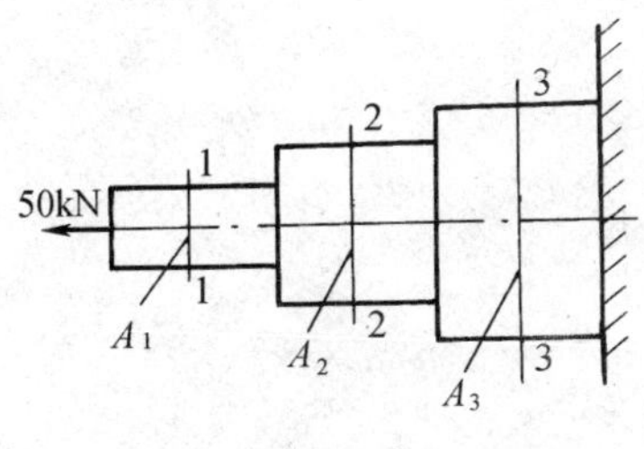


图 5-7

5. 在图 5-8 中，已知螺柱小径 $d_1=15.3$ mm，材料的许用应力 $[\sigma]=50$ MPa，工件需要的夹紧力 $F=2.5$ kN，试校核螺柱的强度。

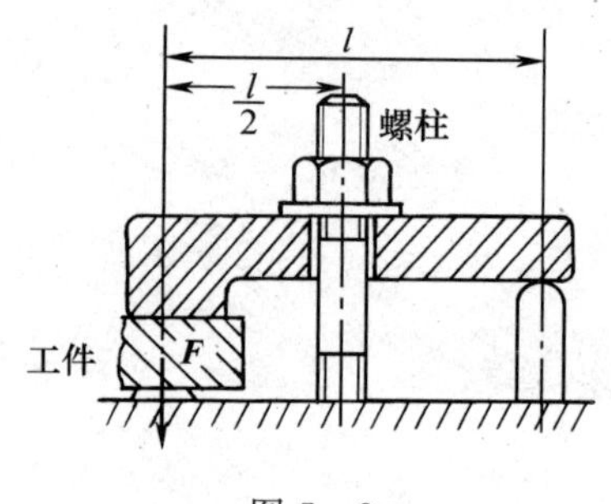


图 5-8

# 第六章　剪切和挤压

## 一、填空题（将正确答案填写在横线上）

1. 构件在剪切时的受力特点是作用在杆件两侧的外力的合力＿＿＿＿＿＿、＿＿＿＿＿＿，作用线＿＿＿＿＿＿；变形特点是两外力作用线间的截面有＿＿＿＿＿＿＿＿＿＿＿＿的趋势。

2. 剪切时的内力称为＿＿＿＿＿＿；剪切时的截面应力称为＿＿＿＿＿＿，用字母＿＿＿表示。

3. ＿＿＿＿＿＿和＿＿＿＿＿＿接触面相互压紧的现象称为挤压。

4. 切应力和挤压应力的实际分布是相当复杂的，工程上近似认为切应力在＿＿＿＿＿＿上均匀分布，挤压应力在＿＿＿＿＿＿上均匀分布。

5. 挤压面为平面时，计算挤压面积按＿＿＿＿＿＿＿＿计算；挤压面为半圆柱面时，计算挤压面积为半圆柱的＿＿＿＿＿＿面积。

6. 剪切强度条件的数学表达式为＿＿＿＿＿＿＿＿，挤压强度条件的数学表达式为＿＿＿＿＿＿＿＿。

7. 连接件的失效形式主要包括＿＿＿＿＿＿和＿＿＿＿＿＿。

8. 提高连接件强度的主要措施是通过增加＿＿＿＿＿＿＿＿或＿＿＿＿＿＿＿＿，以加大承载面积，从而提高连接件强度。

*9. 当切应力不超过材料的＿＿＿＿＿＿＿＿时，构件内切应力与切应变成正比，此即为＿＿＿＿＿＿定律。

*10. 若两构件在弹性范围内切应变相同，则切变模量 $G$ 值较大者的切应力较＿＿＿。

*11. ＿＿＿＿＿＿和＿＿＿＿＿＿是度量构件变形程度的两个基本量。

## 二、判断题（正确的打“√”，错误的打“×”）

1. 剪切变形是杆件基本变形之一。（　　）
2. 挤压变形属于基本变形。（　　）
3. 剪切和挤压总是同时产生的。（　　）
4. 构件受剪切时，剪力与剪切面是垂直的。（　　）
5. 挤压面的计算面积一定是实际挤压面的面积。（　　）
6. 剪切和挤压总是同时产生，所以剪切面和挤压面是同一个面。（　　）
7. 工程实用计算中，认为切应力在构件的剪切面上分布不均匀。（　　）

*8. 剪切胡克定律描述了任何受载下切应力和切应变成正比的关系。（　　）

## 三、选择题（将正确答案的代号填入括号内）

1. 在图 6－1 所示的榫头连接中，剪切面积是（　　），挤压面积是（　　）。

A. $2al$　　B. $al$

C. $2bl$　　D. $bl$

E. $2ab$　　F. $ab$

2. 在图 6－2 所示结构中，拉杆的剪切面形状是（　　），面积是（　　）；挤压面形状是（　　），面积是（　　）。

A. 圆　　B. 矩形

C. 外方内圆　　D. 圆柱面

E. $a^2$　　F. $a^2-\pi d^2/4$

G. $\pi d^2/4$　　H. $\pi db$

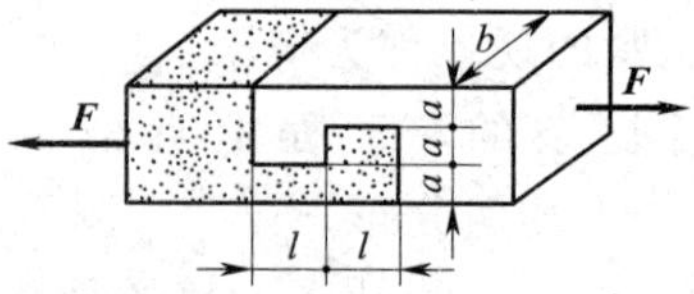

图 6－1

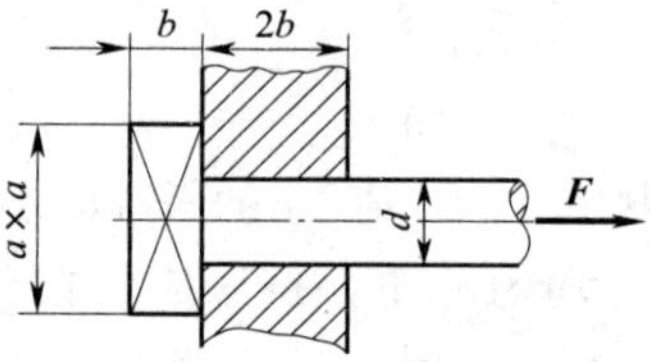

图 6－2

3. 受剪切构件的剪切面上，剪应力（　　）。

A. 只计方向，不计大小　　B. 只计大小，不计方向

C. 既计方向，又计大小

4. 剪切面（　　）是平面。

A. 一定　　B. 不一定

C. 一定不

5. 无论实际挤压面为何种形状，构件的计算挤压面均应为（　　）。

A. 圆柱面　　B. 原有形状

C. 平面　　D. 矩形平面

E. 圆平面

6. 挤压变形为构件（　　）变形。

A. 轴向压缩　　B. 局部互压

C. 全表面

7. 剪切破坏发生在（　　）上，挤压破坏发生在（　　）上。

A. 受剪构件

B. 受剪构件周围物体

C. 受剪构件和周围物体中强度较弱者

8. 材料的许用切应力 $[\tau]$ 通常（　　）该材料的许用拉应力 $[\sigma]$。

A. 小于　　B. 大于

C. 等于

9. 钢材的许用挤压应力 $[\sigma_{jy}]$ 通常（　　）其许用拉应力 $[\sigma]$。

A. 小于　　　　B. 大于

C. 等于

*10. 切应变 $\gamma$ 是（　　）。

A. 角位移　　　　B. 线位移

C. 横向变形量

**四、计算题**

1. 在厚度 $\delta=5$ mm 的钢板上欲冲出一个如图 6-3 所示形状的孔。已知钢板的抗剪强度极限 $\tau_b=320$ MPa，现有一冲裁力为 100 kN 的冲床，能否完成冲孔工作？

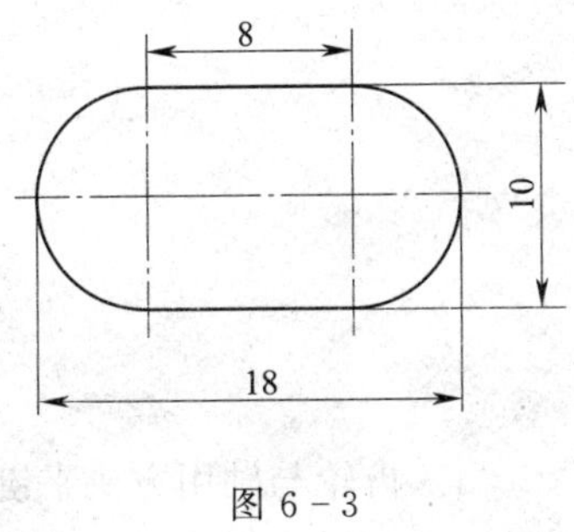


图 6-3

2. 在图 6-4 所示连接构件中，$D=2d=32$ mm，$h=12$ mm，拉杆材料的许用切应力 $[\tau]=70$ MPa，许用挤压应力 $[\sigma_{jy}]=170$ MPa，试计算拉杆的许可载荷 $\boldsymbol{F}$ 的大小。

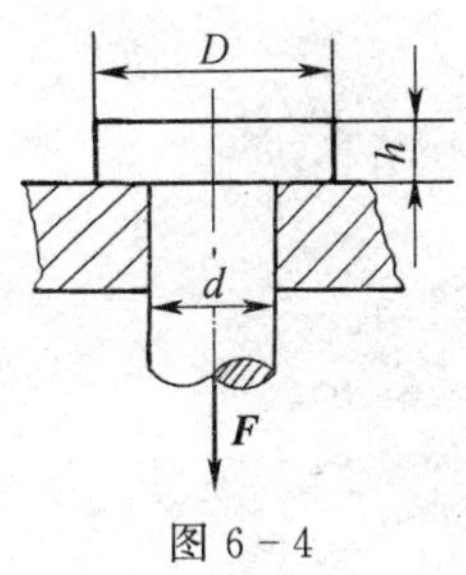


图 6-4

3. 图 6－5 所示为用钳子剪切直径为 3 mm 的钢丝。若钢丝的抗剪强度极限 $\tau_b=80$ MPa，试求施加于钳子手柄上的力。若销钉 $B$ 的直径为 6 mm，许用切应力 $[\tau]=45$ MPa，试校核销钉的剪切强度。

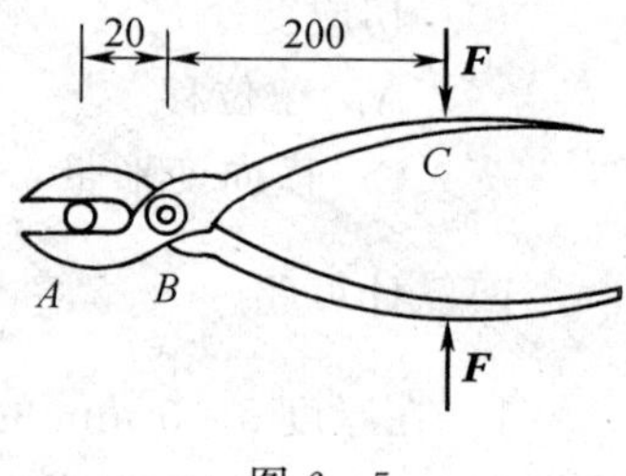


图 6－5

4. 齿轮与轴用方头平键连接（见图 6－6），其中轴的直径 $d=80$ mm，键的尺寸为宽 $b=22$ mm，高 $h=14$ mm，长 $l=110$ mm，键材料的许用切应力 $[\tau]=60$ MPa，许用挤压应力$[\sigma_{jy}]=100$ MPa，轴通过键传递的转矩 $M=3$ kN·m，试校核键的强度。

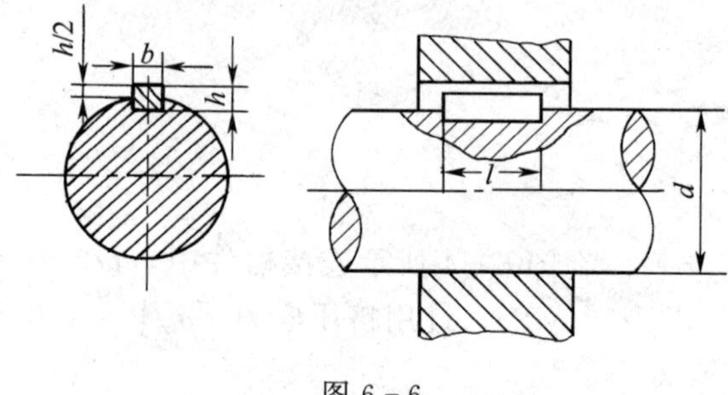


图 6－6

# 第七章　圆 轴 扭 转

## 一、填空题（将正确答案填写在横线上）

1. 圆轴扭转变形时的受力特点是在杆件两端垂直于杆轴线的平面内受到一对________和________的力偶的作用。其变形特点是横截面________________。

2. 圆轴扭转时的内力偶矩称为________，用字母____表示，其正负可以用________法则判定。

3. 在扭矩图中，横坐标表示________________，纵坐标表示________________；正扭矩画在________，负扭矩画在________。

4. 将一表面画有矩形格的直圆轴（见图 7－1）扭转时，可以观察到所有的圆周线的________和________不变，相邻两圆周线的间距保持不变，仅绕________做相对转动；所有的纵向线仍为________，都倾斜同一角度 $\gamma$，使原来的矩形变成________。

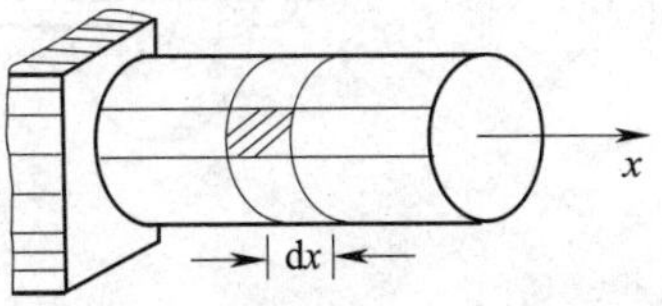

图 7－1

5. 扭转变形时，各纵向线同时倾斜了相同的角度；各横截面绕轴线转动了不同的角度，相邻截面产生了____________并相互错动，发生了剪切变形，所以横截面上存在有垂直于半径方向的________。

6. 应用扭转强度条件可以解决________、____________和____________等强度计算问题。

*7. 扭转变形的大小是用________________来度量的。

*8. 圆轴扭转的刚度条件是________________________________。

## 二、判断题（正确的打“√”，错误的打“×”）

1. 扭转变形时横截面上的切应力一定垂直于截面半径。（　）

2. 公式 $\tau_{max}=\dfrac{M_T}{W_n}$ 仅适用于圆轴扭转。（　）

3. 外径相同的空心圆轴和实心圆轴相比，空心圆轴的承载能力要大些。（　）

4. 圆轴扭转的危险截面一定是扭矩和横截面积均达到最大值的截面。（　）

5. 受力情况及尺寸相同的两根轴，一根是钢轴，一根是铜轴，则：

(1) 它们的最大切应力相同。（　）

(2) 它们的强度相同。（　）

*6. 受扭圆轴扭转角 $\varphi$ 的大小仅由轴内扭矩大小决定。（　）

*7. 减小扭转圆轴的长度可减小其扭转角 $\varphi$ 的数值，也可提高圆轴的抗扭刚度。（　）

*8. 长度不同的扭转圆轴，其许用单位长度扭转角 $[\theta]$ 数值一定不同。 (    )

**三、选择题（将正确答案的代号填入括号内）**

1. 在图 7－2 所示各轴中，仅产生扭转变形的轴是（    ）。

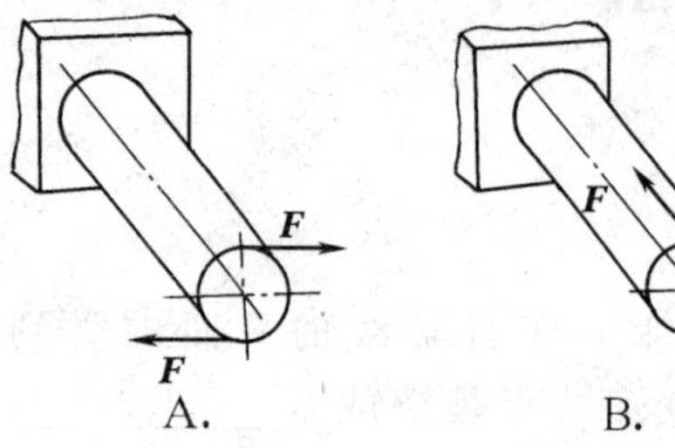


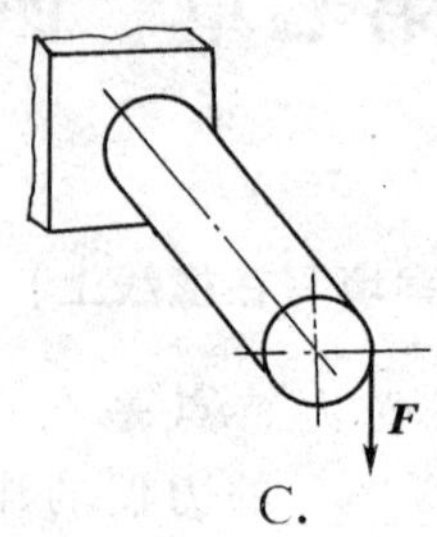


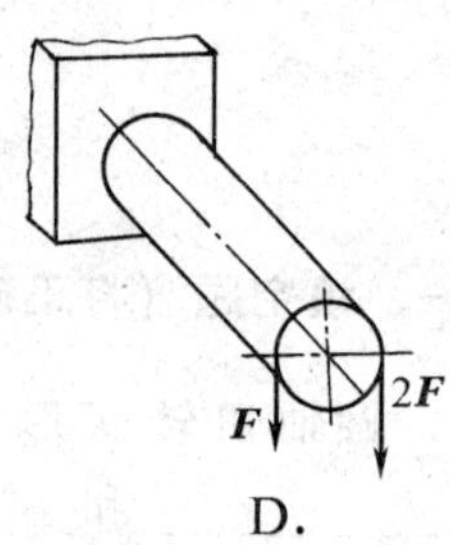


图 7－2

2. 图 7－3 所示为一传动轴上齿轮的布置方案，其中对提高传动轴扭转强度有利的是（    ）。

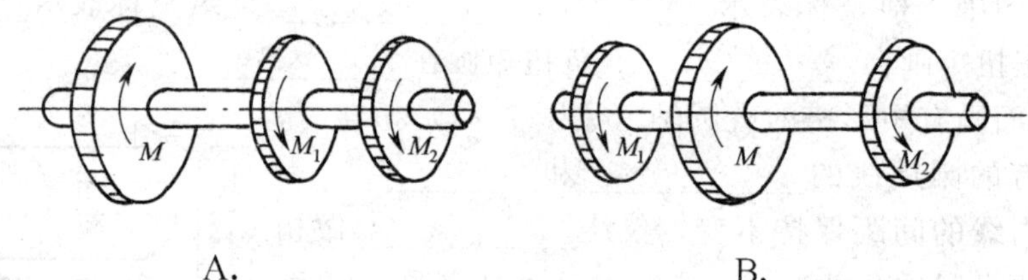


图 7－3

3. 下列结论中正确的是（    ）。
   A. 圆轴扭转时，横截面上只有正应力，其大小与截面直径无关
   B. 圆轴扭转时，横截面上有正应力，也有切应力，它们的大小均与截面直径无关
   C. 圆轴扭转时，横截面上只有切应力，其大小与到圆心的距离成正比

4. 图 7－4 所示各截面上，与扭转正确对应的切应力分布图是（    ）（多选）。

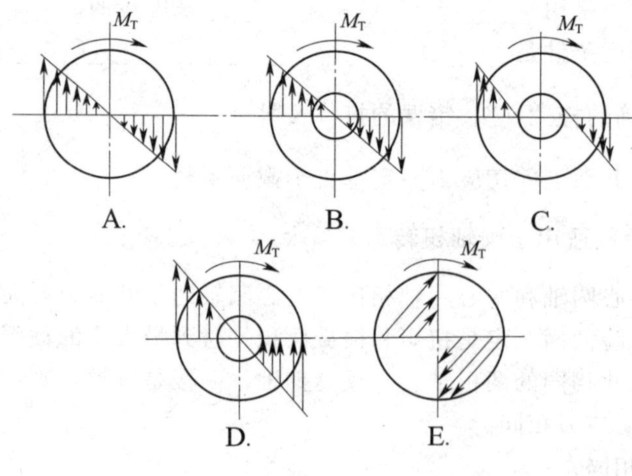


图 7－4

5. 实心圆轴扭转的危险截面上（　　）存在切应力为零的点。

A. 一定　　B. 不一定　　C. 一定不

6. 当材料的长度和横截面积相同时，空心圆轴的抗扭承载能力（　　）实心圆轴的抗扭承载能力。

A. 大于　　B. 等于　　C. 小于

7. 若材料和受载条件不变，要求轴的质量最轻，选（　　）；要求轴的外径最小，选（　　）。

A. 阶梯轴　　B. 实心轴　　C. 空心轴　　D. 细长轴

*8. 工程中，计算单位长度扭转角 $[\theta]$ 使用的单位是（　　）。

A. rad　　B. (°)　　C. (°) /m　　D. rad/m

## 四、简答题

1. 圆轴扭转时，扭矩的正负号是怎样规定的？

2. 试述圆轴扭转时横截面上切应力的分布规律。

3. 工程中的受扭圆轴为什么常用空心轴？

4. 提高圆轴扭转强度的主要措施有哪些？

## 五、作图题

试绘制图 7-5 所示各轴的扭矩图。

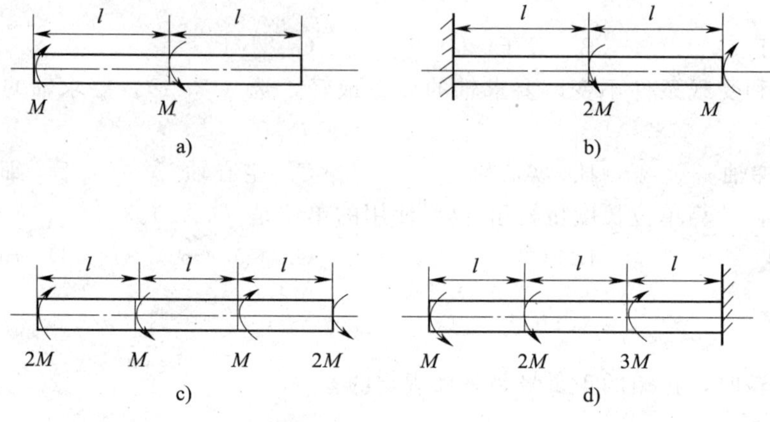


图 7-5

## 六、计算题

1. 试计算如图 7-6 所示各轴段的扭矩，并作扭矩图。

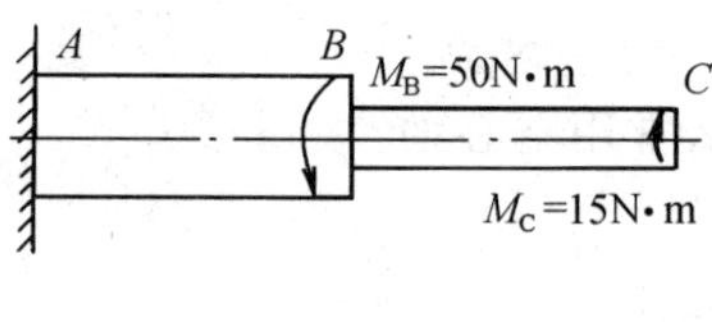


图 7-6

2. 某汽车传动轴的外径 $D=90$ mm，内径 $d=68$ mm，材料的许用切应力 $[\tau]=40$ MPa，试求该轴能传递的最大扭矩。

3. 某快艇推进器轴的外径 $D=74$ mm，内径 $d=68$ mm，材料的许用切应力 $[\tau]=40$ MPa。若传递的扭矩 $M=500$ N·m，试校核轴的强度。

4. 如图 7-7 所示，起重机减速箱用 $P=6.6$ kW 的电动机拖动。电动机转速 $n=945$ r/min，减速箱中第一根轴用联轴器与电动机轴相连接。设第一根轴的直径 $d=22$ mm，材料的许用切应力 $[\tau]=40$ MPa，试校核轴的强度。

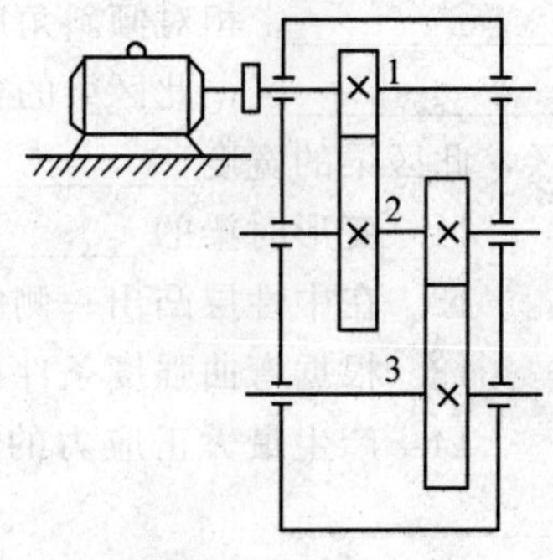

图 7-7

# 第八章　直梁弯曲

## 一、填空题（将正确答案填写在横线上）

1. 工程中____________或以____________为主的杆件称为梁。

2. 常见梁的力学模型有____________、____________和____________。

3. 平面弯曲变形的受力特点是________________________________；平面弯曲变形的变形特点是________________________________；发生平面弯曲变形的构件特征是________________________________。

4. 作用在梁上的载荷有____________、____________和____________。

5. 梁弯曲时，横截面上的内力一般包括____________和____________两个分量，其中对梁的强度影响较大的是____________。

6. 在计算梁的内力时，当梁的长度大于横截面尺寸______倍以上时，可将剪力略去不计。

7. 梁弯曲时，某一截面上的弯矩，在数值上等于________________________________的代数和。其正负号规定：当梁弯曲成____________时，截面上弯矩为正；当梁弯曲成____________时，截面上弯矩为负。

8. 在集中力偶作用处，弯矩发生突变，突变值等于____________。

9. 横截面上弯矩为____________而剪力为____________的平面弯曲变形称为____________。

10. 在梁纯弯曲实验中，横向线仍为直线，且仍与____________正交，但两线不再____________，相对倾斜角度 $\theta$。纵向线变为____________，轴线以上的纵向线缩短，称为____________区，此区梁的宽度____________；轴线以下的纵向线伸长，称为____________区，此区梁的宽度____________。情况与轴向拉伸、压缩时的变形相似。

11. 变形时梁的__________均绕中性轴相对旋转。

12. 在中性层凸出一侧的梁内各点，其正应力均为______值，即为______应力。

13. 根据弯曲强度条件可以解决__________、__________和______________三类问题。

14. 产生最大正应力的截面又称为____________________，最大正应力所在的点称为____________。

15. 在截面积 $A$ 相同的条件下，________________越大，梁的承载能力就越强。当截面的形状不同时，可以用____________来衡量截面形状的合理性和经济性。

16. 为减轻自重和节省材料，将梁做成变截面梁，使所有横截面上的____________都近似等于____________，这样的梁称为等强度梁。

## 二、判断题（正确的打“√”，错误的打“×”）

1. 一端（或两端）向支座外伸出的简支梁称为外伸梁。（　）
2. 悬臂梁的一端固定，另一端为自由端。（　）
3. 悬臂梁受固定端约束，简支梁受铰链支座约束。（　）
4. 弯矩的作用面与梁的横截面垂直，它们的大小及正负由截面一侧的外力确定。（　）
5. 凡弯矩图曲线折点处，梁上必有对应点受集中外力作用。（　）
6. 式 $\sigma_{\max}=\dfrac{M_w}{W_z}$ 中，$\sigma_{\max}$ 值一般随横截面位置不同而异。（　）
7. 梁弯曲变形时，弯矩最大的截面一定是危险截面。（　）
8. 钢梁和木梁的截面形状和尺寸相同，在受同样大的弯矩时，木梁的应力一定大于钢梁的应力。（　）
9. 梁的合理截面形状应是不增加横截面积，而使其 $\dfrac{W_z}{A}$ 数值尽可能大的形状。（　）

## 三、选择题（将正确答案的代号填入括号内）

1. 平面弯曲时，梁上的外力（或力偶）均作用在梁的（　）。
   A. 轴线上　　B. 纵向对称平面内
   C. 轴面内
2. 当梁的纵向对称平面内只有力偶作用时，梁将产生（　）。
   A. 平面弯曲　　B. 一般弯曲
   C. 纯弯曲
3. 梁纯弯曲时，截面上的内力是（　）。
   A. 弯矩　　B. 扭矩
   C. 剪力　　D. 轴力
   E. 剪力和弯矩
4. 图 8－1 所示的简支梁中，弯矩最大的梁是（　），弯矩最小的梁是（　）。

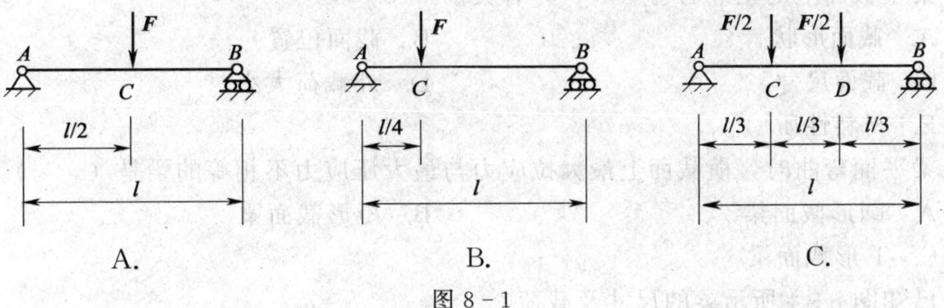


图 8－1

5. 当梁上的载荷只有集中力时，弯矩图为（　）。
   A. 水平直线　　B. 曲线
   C. 斜直线

6. 纯弯曲梁的横截面上（　　）。

A. 只有正应力　　B. 只有剪应力

C. 既有剪应力，又有正应力

7. 图 8－2 表示横截面上的应力分布，其中属于直梁弯曲的是（　　），属于圆轴扭转的是（　　）。

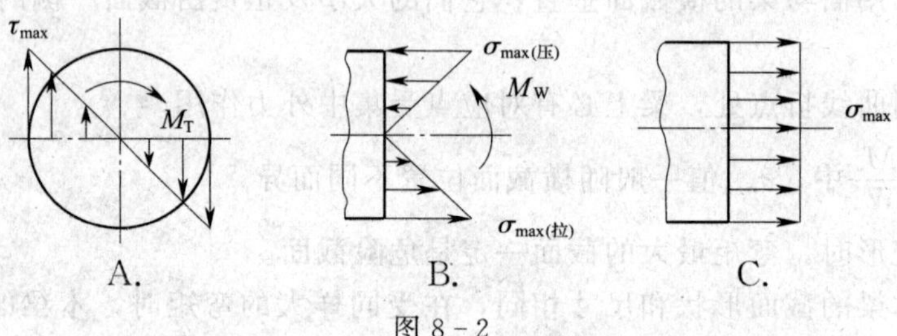


图 8－2

8. 在图 8－3 所示各梁中，属于纯弯曲的节段是（　　）。

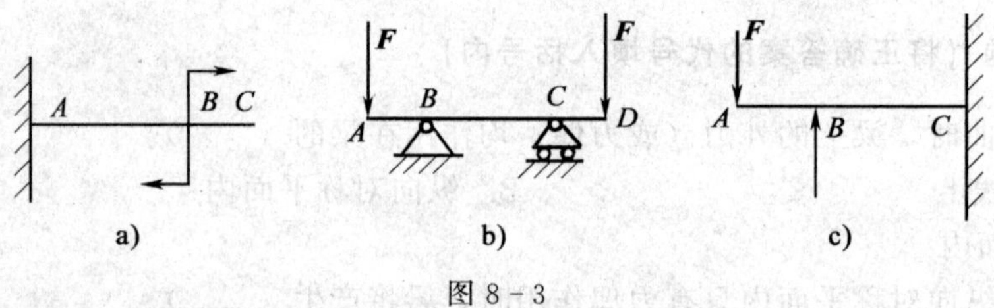


图 8－3

A. 图 a 中的 $AB$，图 b 中的 $BC$，图 c 中的 $BC$

B. 图 a 中的 $AC$，图 b 中的 $AD$，图 c 中的 $BC$

C. 图 a 中的 $AB$，图 b 中的 $AC$，图 c 中的 $BC$

9. 矩形截面梁发生平面弯曲时，横截面的最大正应力分布在（　　）。

A. 上下边缘处　　B. 左右边缘处

C. 中性轴处

10. 梁横截面上的正应力与（　　）有关。

A. 截面形状　　B. 截面位置

C. 截面尺寸　　D. 外载荷大小

E. 材料性质

11. 梁平面弯曲时，横截面上最大拉应力与最大压应力不相等的梁是（　　）。

A. 圆形截面梁　　B. 矩形截面梁

C. T 形截面梁

12. 已知图 8－4 所示梁的尺寸及载荷。

(1) $AB$ 段各横截面的弯矩（　　）。

A. 相等且为正　　B. 相等且为负

C. 不等且为正　　D. 不等且为负

(2) 弯矩图曲线过 $B$ 截面时（　　）。

A. 有折点　　B. 有突变

C. 无变化

(3)（　　）段为纯弯曲梁。

A. $AB$　　B. $BC$

C. $AC$

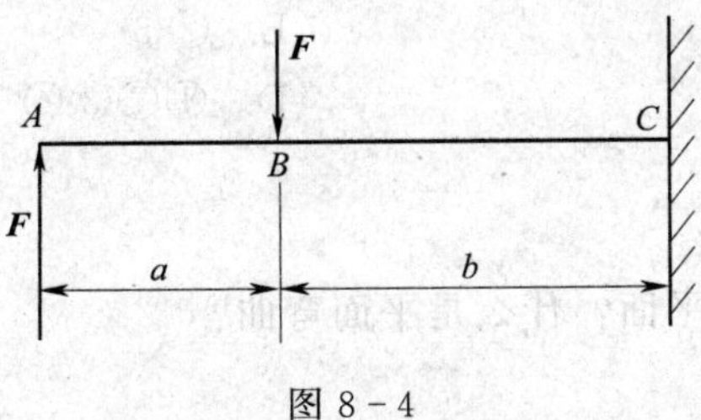


图 8-4

13. 如图 8-5 所示的矩形截面梁，放置正确的是（　　）。

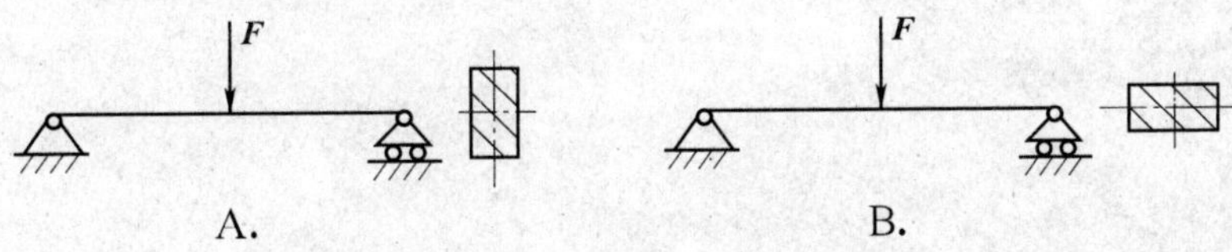


图 8-5

14. 如图 8-6 所示，用工字钢作简支梁，从提高弯曲强度方面考虑，（　　）的方案是合理的。

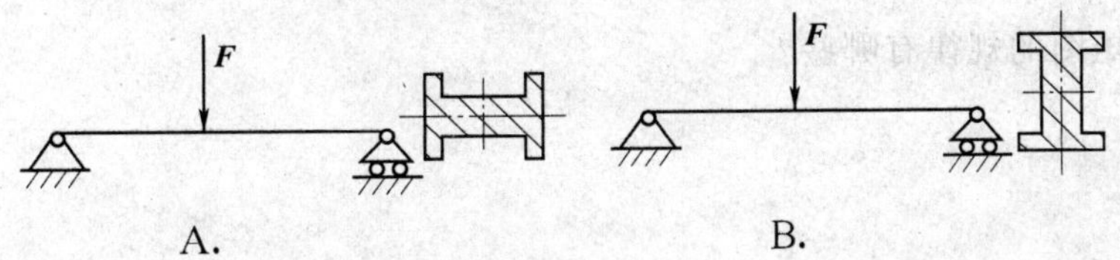


图 8-6

15. 如图 8-7 所示，用 T 形截面形状的铸铁材料作悬臂梁，从提高梁的弯曲强度方面考虑，（　　）的方案是合理的。

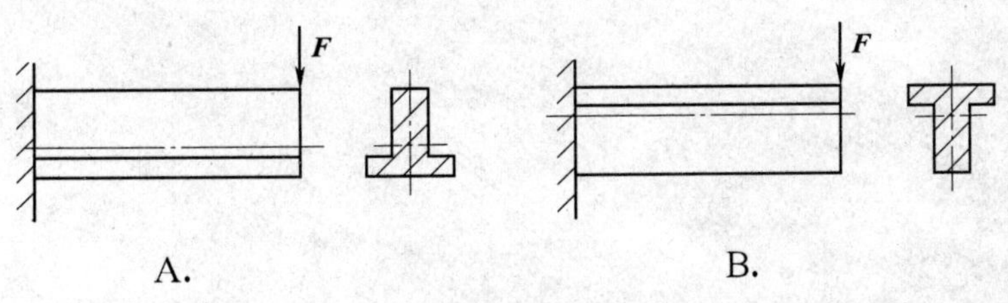


图 8-7

16. 下列结论中，正确的有（　　）。

①杆件变形的基本形式有四种：拉伸（或压缩）、剪切、扭转和弯曲。

②当杆件产生轴向拉（压）变形时，横截面沿杆轴线发生平移。

③当圆截面杆产生扭转变形时，横截面绕杆轴线转动。

④当杆件产生弯曲变形时，横截面上各点均有铅垂方向的位移，同时横截面绕截面的中性轴转动。

A. ①　　B. ②③

C. ①②③　　D. ①②③④

## 四、简答题

1. 什么是梁的纵向对称平面？什么是平面弯曲？

2. 绘制弯矩图的规律有哪些？

3. 试述弯曲正应力的分布规律。

4. 什么是中性层？什么是中性轴？

5. 提高梁弯曲强度的主要措施有哪些？

## 五、作图题

1．绘出图 8－8 所示各梁的弯矩图。

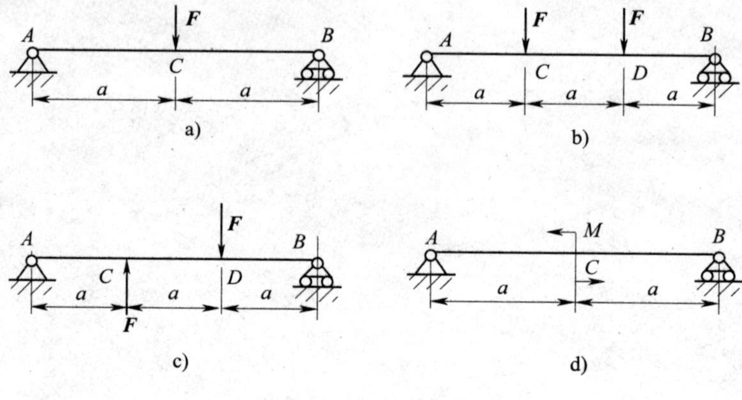


图 8－8

2．绘出图 8－9 所示各梁的弯矩图。

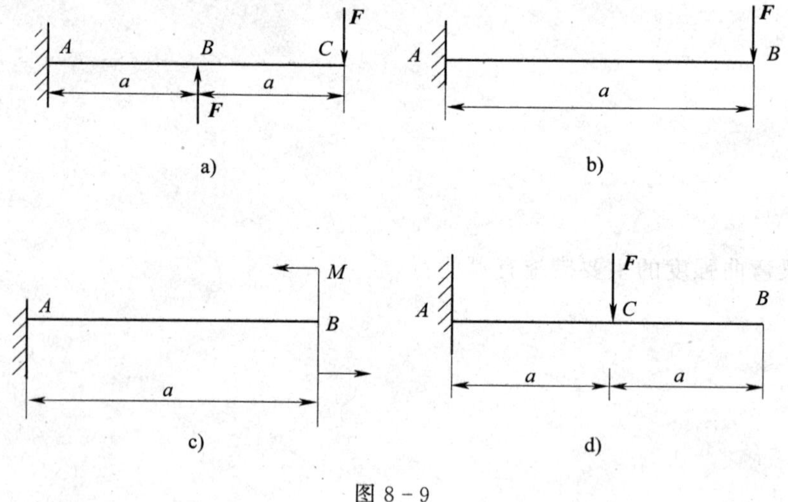


图 8－9

3. 根据图 8－10 所示梁上外力偶矩 $M$ 的方向，绘出截面 1—1 上的应力分布情况。

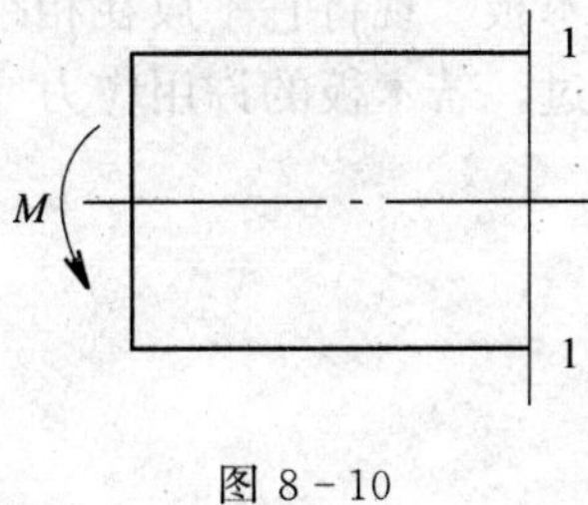


图 8－10

## 六、计算题

1. 图 8－11 所示为矩形截面的悬臂梁，在 $B$ 端受力 $\boldsymbol{F}$ 作用。已知 $b=200$ mm，$h=600$ mm，$l=6\ 000$ mm，梁的许用应力 $[\sigma]=120$ MPa，试求力 $\boldsymbol{F}$ 的最大许用值。

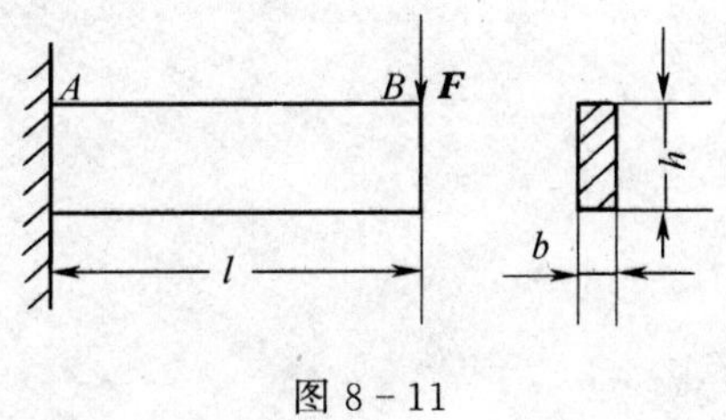


图 8－11

2. 齿轮轴 $AD$ 的受力情况如图 8－12 所示，已知直径 $d=60$ mm，载荷 $F=5$ kN，$l=300$ mm，试求轴上的最大正应力。

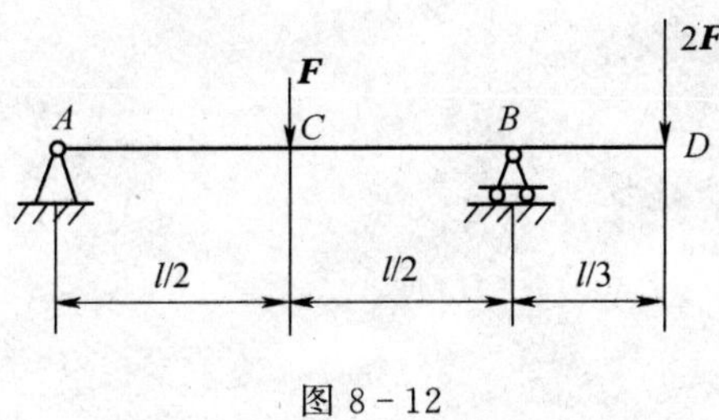


图 8－12

3. 在建筑工地上，常用到截面尺寸宽 $B$=300 mm、厚 $H$=80 mm、长度 $L$=6 000 mm 的木板。现将它平放在相距为 4 m 的两个建筑物上作为临时搭板，让一个重为 700 N 的工人走过，若木板的许用应力 [$\sigma$] =5 MPa，是否有危险？

# 材料力学综合测试题

## 一、填空题（将正确答案填写在横线上。每空 0.5 分，共 20 分）

1. 构件在外力作用下抵抗__________的能力称为强度，而抵抗__________的能力称为刚度。

2. 脆性材料的__________能力远胜于__________能力。

3. 去除外力后能完全消失的变形称为__________，去除外力后不能消失的变形称为__________。

4. 直杆原长为 100 mm，经拉伸后长度变为 101 mm，其绝对变形是__________，相对变形是__________。

5. 拉伸压缩时的应力称为__________；剪切时的应力称为__________；扭转时的应力称为__________；弯曲时的应力主要是__________。

6. 如图 1 所示的铆钉连接，已知 $\delta_1 = d = \delta_2 = 20$ mm，铆钉的剪切面面积等于______ $mm^2$，挤压面面积等于__________ $mm^2$。

7. 如图 2 所示构件，剪切面积是__________，挤压面积是__________。

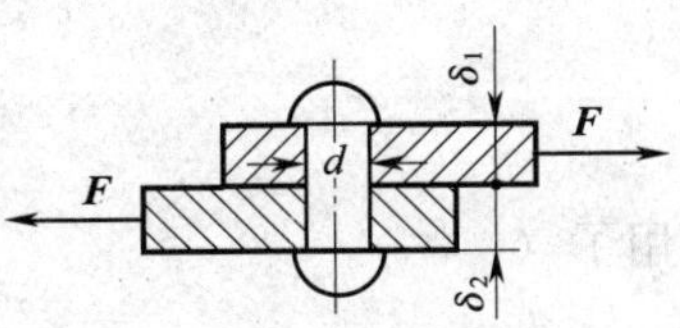

图 1

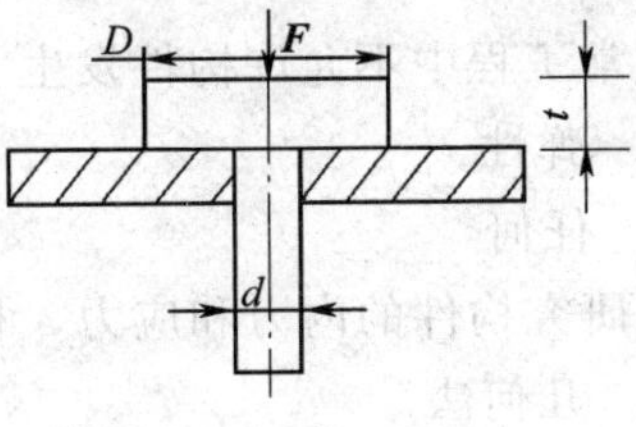

图 2

8. 提高圆轴扭转强度的主要措施是______________和______________。

9. 若梁在某截面附近弯成____________，则该截面弯矩为正；弯成__________，则该截面弯矩为负。

10. 吊车起吊重物时，钢丝绳的变形是__________；汽车行驶时，传动轴的变形是__________；教室中大梁的变形是__________；建筑物的立柱受__________变形；螺旋千斤顶中的螺杆受__________变形。

11. 连接件的失效形式主要包括__________和__________。

12. 低碳钢拉伸的过程分为____________、____________、____________和____________四个阶段。

13. 梁的三种力学模型是__________、__________和__________。

14. 工程中假定在挤压面上挤压应力的分布是__________的。

15. 从拉压性能方面来说，低碳钢耐______，铸铁耐______。

16. 根据弯曲强度条件可以解决____________、____________和________________三类问题。

**二、判断题（正确的打“√”，错误的打“×”。每小题1分，共14分）**

1. 剪切变形时，切应力与切应变一定成正比。（ ）
2. 圆轴扭转时，其应力与横截面相切且均匀分布。（ ）
3. 材料的剪切弹性模量越大，其抗扭刚度越好。（ ）
4. 安全系数取得越大越好。（ ）
5. 纯弯曲变形时，横截面上既有切应力，又有正应力存在。（ ）
6. 中性层是弯曲时不变形的纵向纤维层。（ ）
7. 材料的弹性模量是一个常量，任何情况下都等于应力和应变的比值。（ ）
8. 剪切面可以是曲面。（ ）
9. 挤压面的计算面积一定是实际挤压面的面积。（ ）
10. 轴力的大小与杆件的横截面积有关。（ ）
11. 圆轴扭转危险截面一定是扭矩和横截面积均达到最大值的截面。（ ）
12. 悬臂梁的一端固定，另一端为自由端。（ ）
13. 截面法表明，只要将受力构件切断，即可观察到截面上的内力。（ ）
14. 挤压变形属于基本变形。（ ）

**三、单项选择题（在每小题列出的备选项中只有一个是符合题目要求的，请将其代号填入括号内。每空2分，共38分）**

1. 通常工程中不允许构件发生（ ）变形。

A. 弹性　　B. 塑性

C. 任何　　D. 小

2. 为研究构件的内力和应力，材料力学中广泛使用了（ ）。

A. 几何法　　B. 解析法

C. 投影法　　D. 截面法

3. 静力学中的力的可传性原理和加减平衡力系公理，在材料力学中（ ），而作用与反作用公理（ ）。

A. 仍然适用　　B. 已不适用

C. 无法确定

4. 在弹性范围内，杆件抗拉刚度 $EA$ 数值越大，变形越（ ）。

A. 容易　　B. 显著

C. 大　　D. 不易

5. 为保证构件安全工作，其最大工作应力须小于或等于材料的（ ）。

A. 正应力　　B. 切应力

C. 极限应力　　D. 许用应力

6. 低碳钢等塑性材料的极限应力是材料的（ ）。

A. 许用应力　　B. 比例极限

C. 强度极限　　D. 屈服极限

7. 当材料的长度和横截面积相同时，空心圆轴的抗扭承载能力（　　）实心圆轴的抗扭承载能力。

A. 大于　　B. 等于

C. 小于

8. 平面弯曲时，梁上的外力（或力偶）均作用在梁的（　　）。

A. 轴线上　　B. 纵向对称平面内

C. 轴面内

9. 纯弯曲梁的横截面上（　　）。

A. 只有正应力　　B. 只有切应力

C. 既有切应力，又有正应力

10. 胡克定律的应用条件是（　　）。

A. 只适用于塑性材料　　B. 只适用于轴向拉伸

C. 应力不超过屈服极限　　D. 应力不超过比例极限

11. 杆件受力如图 3 所示，1—1 截面的内力等于（　　）N。

A. 20　　B. 30

C. 40　　D. 10

12. 如图 4 所示结构，其中 $BC$ 杆发生的变形为（　　）。

A. 弯曲变形　　B. 压缩变形

C. 拉伸变形　　D. 挤压变形

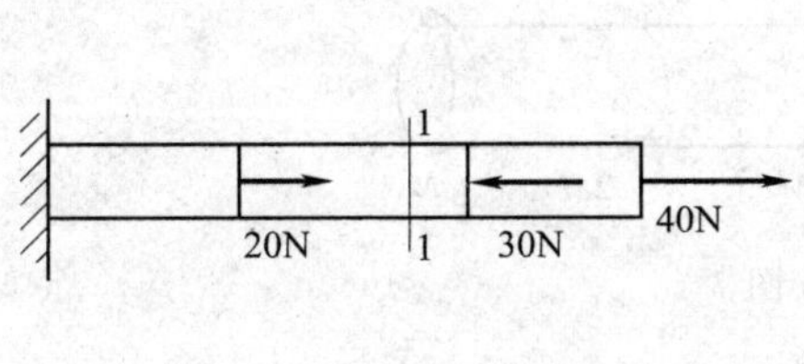

图 3

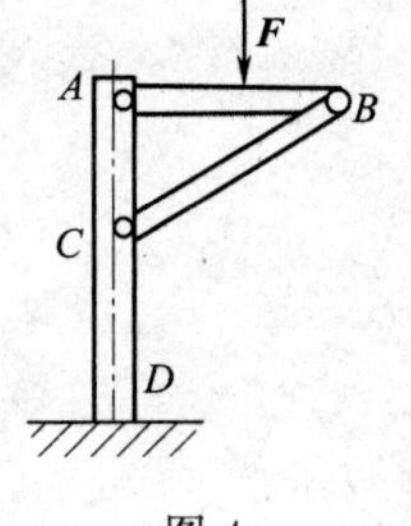

图 4

13. 悬臂梁受载荷如图 5 所示，其截面形状如下：

（1）梁的材料为钢时，应选（　　）截面。

（2）梁的材料为铸铁时，应选（　　）截面。

（3）梁的材料为钢筋混凝土时，应选（　　）截面。

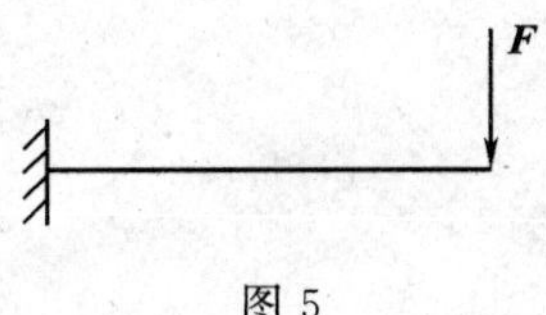

图 5

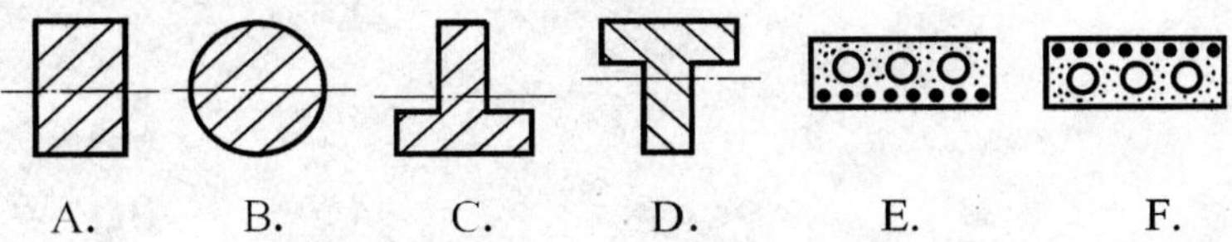


14. 两根拉杆的材料、横截面积和受力均相同，而一杆的长度为另一杆长度的两倍。试比较它们的轴力、横截面上的正应力、轴向正应变和轴向变形，下列说法正确的是（　　）。

A. 两杆的轴力、正应力、正应变和轴向变形都相同

B. 两杆的轴力、正应力相同，而长杆的正应变和轴向变形比短杆的大

C. 两杆的轴力、正应力和正应变都相同，而长杆的轴向变形比短杆的大

D. 两杆的轴力相同，而长杆的正应力、正应变和轴向变形都比短杆的大

15. 一受扭圆棒如图 6 所示，其 $m$—$m$ 截面上的扭矩等于（　　）。

A. $M_{\mathrm{T}m-m}=M+M=2M$

B. $M_{\mathrm{T}m-m}=M-M=0$

C. $M_{\mathrm{T}m-m}=2M-M=M$

D. $M_{\mathrm{T}m-m}=-2M+M=-M$

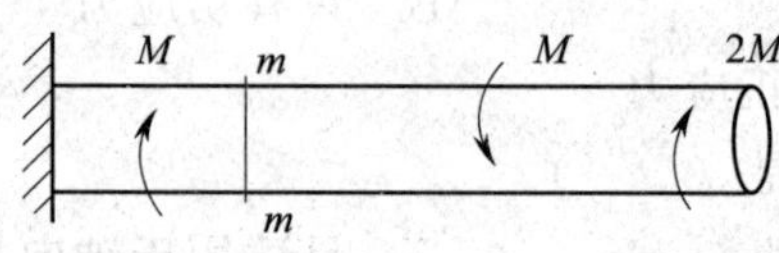


图 6

16. 等强度梁各横截面上（　　）相等。

A. 面积　　　　B. 弯矩

C. 抗弯截面系数　　　　D. 最大正应力

**四、作图题（每小题 4 分，共 8 分）**

1. 作图 7 中轴的扭矩图。

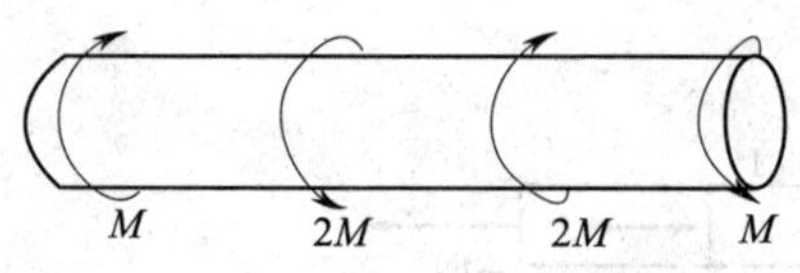


图 7

2. $M_T$ 为圆杆横截面上的扭矩，试画出图 8 中截面上与 $M_T$ 对应的切应力分布图。

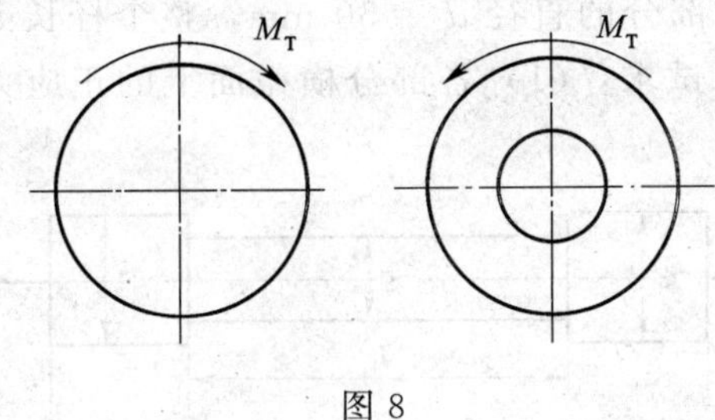


图 8

## 五、计算题（每小题 10 分，共 20 分）

1. 如图 9 所示的简易吊车中，$BC$ 为钢杆，$AB$ 为木杆。木杆 $AB$ 的横截面积 $A_1=100\ \text{cm}^2$，许用应力 $[\sigma_1]=7\ \text{MPa}$；钢杆 $BC$ 的横截面积 $A_2=6\ \text{cm}^2$，许用应力 $[\sigma_2]=160\ \text{MPa}$。试求许可吊重 $\boldsymbol{F}$。

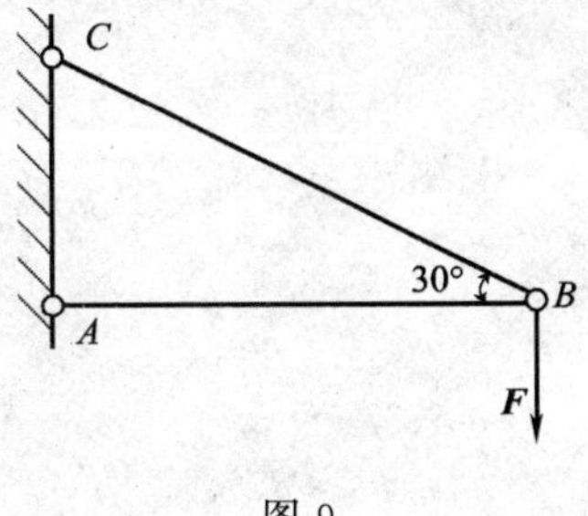


图 9

2. 圆截面直阶梯状杆如图 10 所示，受到 $F=150$ kN 的轴向拉力作用。已知中间部分的直径 $d_1=30$ mm，两端部分的直径 $d_2=50$ mm，整个杆长 $l=250$ mm，中间部分杆长 $l_1=150$ mm，$E=200$ GPa。试求：(1) 各部分横截面上的正应力 $\sigma$；(2) 整个杆的总伸长量。

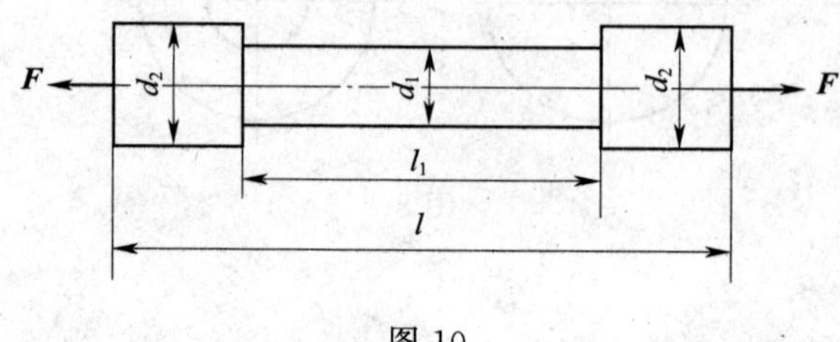


图 10